	11	12	13	14	15	16	17	18	
								2 He 兵 ヘリウム 4.003	1
			5 B ぼ ホウ素 10.81	6 C く 炭素 12.01	7 N の 窒素 14.01	8 O 酸素 16.00	9 F ふ フッ素 19.00	10 Ne ね ネオン 20.18	2
			13 Al ある アルミニウム 26.98	14 Si し ケイ素 28.09	15 P プ リン 30.97	16 S スッと 硫黄 32.07	17 Cl くら 塩素 35.45	18 Ar あ アルゴン 39.95	3
…i …ケル …9	29 Cu 銅 63.55	30 Zn 亜鉛 65.38*	31 Ga ガリウム 69.72	32 Ge ゲルマニウム 72.63	33 As ヒ素 74.92	34 S… セレ… 78.97			
…d …ウム …4	47 Ag 銀 107.9	48 Cd カドミウム 112.4	49 In インジウム 114.8	50 Sn スズ 118.7	51 Sb アンチモン 121.8	52 T… テルル 127.6	ヨウ素 126.9	キセノン 131.3	
…t … …1	79 Au 金 197.0	80 Hg 水銀 200.6	81 Tl タリウム 204.4	82 Pb 鉛 207.2	83 Bi ビスマス 209.0	84 Po ポロニウム [210]	85 At アスタチン [210]	86 Rn ラドン [222]	6
…s …チウム …]	111 Rg レントゲニウム [280]	112 Cn コペルニシウム [285]	113 Nh ニホニウム [278]	114 Fl フレロビウム [289]	115 Mc モスコビウム [289]	116 Lv リバモリウム [293]	117 Ts テネシン [293]	118 Og オガネソン [294]	7

…d …ウム …3	65 Tb テルビウム 158.9	66 Dy ジスプロシウム 162.5	67 Ho ホルミウム 164.9	68 Er エルビウム 167.3	69 Tm ツリウム 168.9	70 Yb イッテルビウム 173.0	71 Lu ルテチウム 175.0
…m …ウム …]	97 Bk バークリウム [247]	98 Cf カリホルニウム [252]	99 Es アインスタイニウム [252]	100 Fm フェルミウム [257]	101 Md メンデレビウム [258]	102 No ノーベリウム [259]	103 Lr ローレンシウム [262]

Z-KAI

ハイスコア！

共通テスト攻略

化学基礎

改訂版

金井 明 著

HIGH SCORE

はじめに

共通テストは，大学入学を志願する多くの受験生にとって最初の関門といえる存在である。教科書を中心とする基礎的な学習に基づく思考力・判断力・表現力を判定する試験であるが，教科書の内容を復習するだけでは高得点をとることはできない。共通テストの背景にある大学入試改革において，各教科で育成を目指す資質・能力を理解した上で対策をしていくことが必要である。

共通テスト「化学基礎」は満点をとれない科目ではない。しかし，通り一遍の学習だけでは正解できない，読解力や思考力を試す問題が随所に出題される。対策を野球に例えると，ホームランを狙うのではなく，脇を締めてセンター前にクリーンヒットするイメージで臨むことを願う。

本書は小冊子であるが，各節に見開きで必要事項を整理した。共通テストで狙われる事項は，基礎から応用まで丁寧に解説した。通常の学習シーンばかりでなく，共通テスト直前のチューンアップにも最適であろう。特に，物質量〔mol〕に不安を感じる受験生も多いと聞くので，ページ数を割いて初歩から説明した。また，基礎事項の確認には**赤シートCHECK**を活用してほしい。また，各節に**Smart Chart**を設け，右脳で理解することへの一助とした。

演習問題は 95 問をセレクトし，難易度別に**標準マスター**と**実戦クリアー**に分類した。共通テストやセンター試験で出題された問題を多数採用したが，過去の良問も取り入れた。また，特集ページでは，腕力で計算をするのではなく，概数計算や選択肢を俯瞰してみる考え方を伝授する。

別冊解答の随所に，**Say**という 1 行を発見するだろう。声に出して唱えてみることは，知識の定着に役立つに違いない。共通テスト本番で天の声のように聞こえてくればしめたものである。また，**実戦クリアー**の一部には，**マーク形式のポイント**を示したので学習に役立ててほしい。

最後に，前著「解決！センター化学ⅠB」「解決！センター化学基礎」でもお世話になった三好麻美先生，貴重なアドバイスをいただいた牛田啓太先生とA 先生，ならびに編集の労をとっていただいた渡辺敏史氏をはじめＺ会編集部の皆様に厚く感謝申し上げる。

金井　明

Contents

5章　酸化・還元

6章　身のまわりの化学

7章　共通テスト形式のツボ

本書の構成と使い方

本書は，共通テストの範囲に合わせた分野別構成になっています。分野ごとに

Step 1　重要事項の整理

Step 2　**標準マスター**で知識の定着

Step 3　**実戦クリアー**で高度な問題

の3ステップで，共通テストのハイスコアを目指します。

Step1　重要事項をチェック

板書的な図・表組み・箇条書きで，必要となる重要事項を整理してあります。

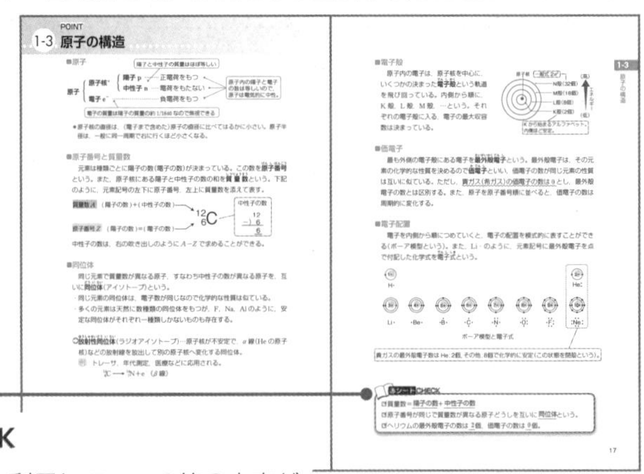

赤シートCHECK

付属の赤シートを利用して，この節の内容が身についているか確認しましょう。正誤問題の訓練にもなります。

FULL MARKS

Step3　実戦クリアー を解く

共通テストでハイスコアを獲得するためにクリアーすべき問題です。

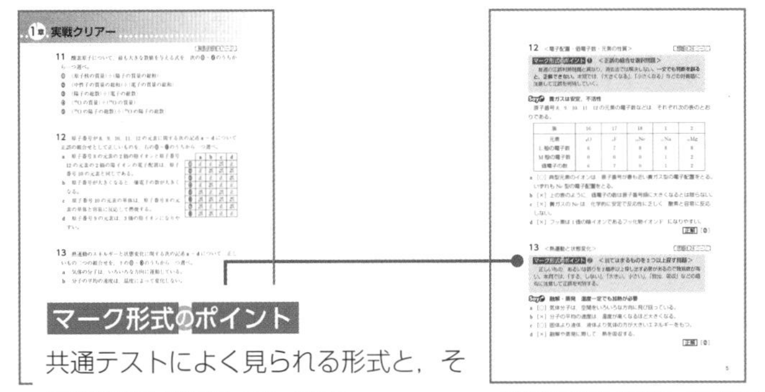

マーク形式のポイント

共通テストによく見られる形式と，その攻略法を解説しています。

解答は別冊に掲載しています。

80

Step2　標準マスター を解く

共通テストで標準的なスコアを獲得するためにマスターすべき問題です。

解法 Pick Up

過去のセンター試験や共通テストから，学習事項のチェックと知識の定着に最適な問題を選び，例題形式で取り上げています。

Work Shop

解法 Pick Upで身につけた考え方を実践する問題です（解答は別冊に掲載）。

70
MARKS

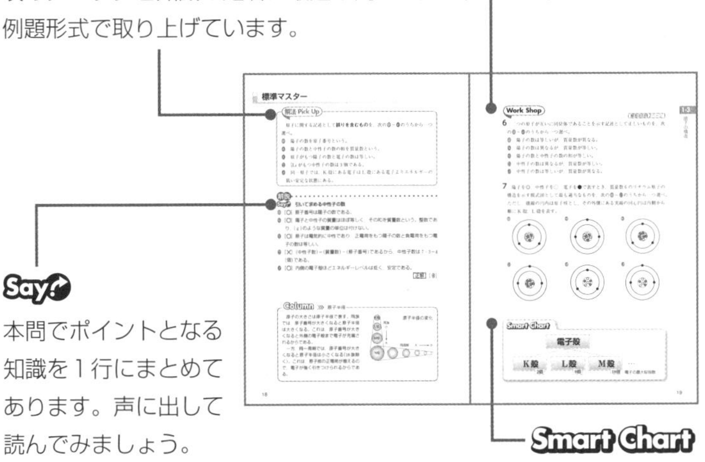

Say

本問でポイントとなる知識を１行にまとめてあります。声に出して読んでみましょう。

Smart Chart

重要事項を図でまとめてあります。

60

40　50

POINT
1-1 物質の構成

■物質

純物質(じゅんぶっしつ)…酸素や水のように，ただ1種類の成分からなる物質。固有の**融点**，**沸点**，**密度**などをもつ。純物質は**化学式**で表すことが可能。
混合物(こんごうぶつ)…空気や海水のように，複数の純物質が混じり合っている。混合割合(組成)によって性質が変化する。

純物質である水の融点は0℃，沸点は100℃(1013 hPa(ヘクトパスカル))，密度は1.00 g/cm³ (4℃)である。混合物である塩化ナトリウム水溶液の沸点や凝固点などはその**濃度**によって変わる。濃塩酸は塩化水素が水に溶けた水溶液(濃度約36 %)であり，混合物である。

■分離

混合物から特定の成分を取り出す操作を**分離**(ぶんり)といい，分離された各物質をさらに純粋にする操作を**精製**(せいせい)という。

ろ過	ろ紙などを利用して，不溶性の固体と液体を分離する。
蒸留	液体に固体や他の液体が溶けているとき，加熱によって生じた蒸気を液化させて分離する。液体混合物を各成分に分離する場合は**分留**(ぶんりゅう)という。(分別蒸留)
再結晶	溶解度の温度変化を利用して，結晶中の不純物を除く。
抽出(ちゅうしゅつ)	溶媒を用いて，特定の成分を溶解させて分離する溶媒抽出がある。
昇華法	固体混合物を加熱し，一方を気体にして分離する。
クロマトグラフィー	物質の吸着力の違いを利用して，分離・精製を行う。

■分離操作

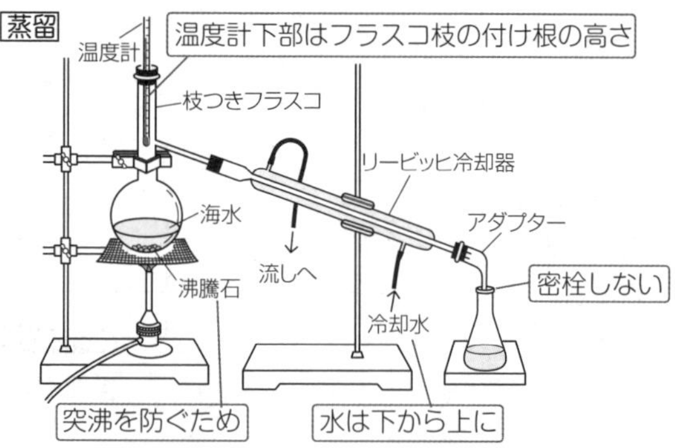

■元素

物質を構成する基本要素を**元素**(element)という。元素はH，He，C，Oなどの**元素記号**で表され，約110種余りが知られている。

■単体と化合物

単体……1種類の元素からなる純物質。 例 水素 H_2，鉄Fe
化合物…2種類以上の元素からなる純物質。 例 水 H_2O，塩化ナトリウムNaCl

■同素体

同じ元素でできているが，性質が異なる単体を互いに**同素体**という。

炭素C	**ダイヤモンド**，**黒鉛**(グラファイト)，フラーレン C_{60}，無定形炭素
酸素O	**酸素** O_2，**オゾン** O_3
リンP	**黄リン** P_4，**赤リン** P
硫黄S	**斜方硫黄** S_8，**単斜硫黄** S_8，**ゴム状硫黄** S_x (硫黄の単体は組成式Sで表されることが多い)

色　；無色
臭い；無臭
性質；助燃性

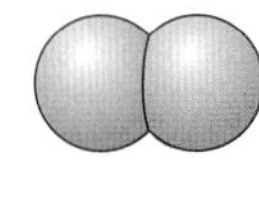

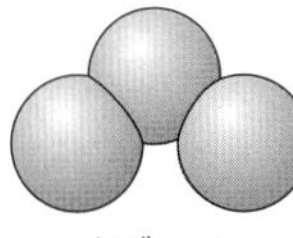

酸素 O_2　　オゾン O_3

色　；淡青色
臭い；特異臭
性質；酸化作用

■化合と分解

化合…2種類以上の物質から別の物質をつくる反応。
分解…1種類の物質から2種類以上の物質をつくる反応。

例
$$2H_2 + O_2 \underset{分解}{\overset{化合}{\rightleftarrows}} 2H_2O$$

化合や分解によって，もとの物質とは異なる物質ができる変化を**化学変化**，その反応を**化学反応**という。

赤シートCHECK

☑混合物から純物質を分離するには，ろ過・蒸留・再結晶・抽出・昇華法・クロマトグラフィーなどの操作が必要である。
☑濃硫酸，濃塩酸，濃硝酸を純物質・混合物に分類すると，濃硫酸は純物質とみなせるが，濃塩酸と濃硝酸は混合物である。

標準マスター

解法 Pick Up

次の**a**・**b**に当てはまるものを，それぞれの解答群①～⑥のうちから一つずつ選べ。

a　単体でないもの

① 黄銅(しんちゅう)　② 亜鉛　③ 黒鉛
④ 斜方硫黄　⑤ 白金　⑥ 赤リン

b　互いに同素体であるものの組合せ

① ヘリウムとネオン　② ^{35}Cl と ^{37}Cl
③ メタノールとエタノール　④ 一酸化窒素と二酸化窒素
⑤ 塩化鉄(Ⅱ)と塩化鉄(Ⅲ)　⑥ 黄リンと赤リン

解説

a　単体でないものには，化合物(純物質)と混合物がある。
① [×] 銅 Cu と亜鉛 Zn からなる合金である。混合物。
② [○] 亜鉛 Zn は金属の単体である。
③ [○] 元素 C からなる単体で，ダイヤモンドと同素体である。
④ [○] 元素 S からなる単体で，単斜硫黄やゴム状硫黄と同素体である。
⑤ [○] 白金 Pt は金属の単体である。
⑥ [○] 元素 P からなる単体で，黄リンと同素体である。

正解 [①]

b Say **化合物・混合物に同素体なし**

元素 S，C，O，あるいは P のみからなる単体を選ぶ。
① [×] He と Ne は周期表 18 族にある同族元素である。
② [×] 互いに質量数の異なる同位体である。
③ [×] いずれも C，H，O からなる化合物(アルコール)である。
④ [×] 一酸化窒素 NO と二酸化窒素 NO_2 は，いずれも化合物である。
⑤ [×] 塩化鉄(Ⅱ)と塩化鉄(Ⅲ)は，いずれも化合物である。
⑥ [○] いずれも元素 P のみからなる単体で，互いに同素体である。

正解 [⑥]

Work Shop

解答は別冊 1 ページ

1 次の **a**・**b** に当てはまるものを，それぞれの解答群①～⑤のうちから一つずつ選べ。

a 単体であるもの

① アルミナ　② ドライアイス　③ 液体空気
④ ベンゼン　⑤ ゴム状硫黄

b 互いに同素体である組合せ

① ネオンとアルゴン　② エタノールとメタノール
③ 一酸化炭素と二酸化炭素　④ 酸素とオゾン
⑤ 水素と重水素

2 液体の混合物を各成分に分けるのに最も適切な操作を，次の①～④のうちから一つ選べ。

① 分留(蒸留)　② 昇華法　③ 再結晶　④ ろ過

3 純物質・混合物に関する記述として**誤りを含むもの**を，次の①～⑤のうちから一つ選べ。

① ドライアイスは純物質である。
② 塩化ナトリウムは純物質である。
③ 塩酸は混合物である。
④ 純物質を構成する元素の組成は，常に一定である。
⑤ 互いに同素体である酸素とオゾンからなる気体は，純物質である。

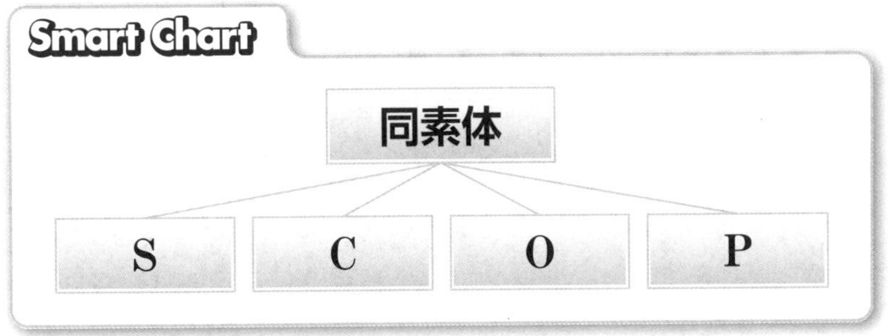

POINT
1-2 物質の三態

■熱運動

水に落とした赤インクが**拡散**(かくさん)していくことからわかるように，静止しているように見える水分子も不規則な運動をしている。この運動は温度が高いほど激しくなるので，**熱運動**(ねつうんどう)という。

■ 発展 気体分子の運動

気体分子の熱運動のエネルギーは，温度が高いほど大きく，平均の速さは大きくなる。同じ温度では，質量の小さいものほど速い。

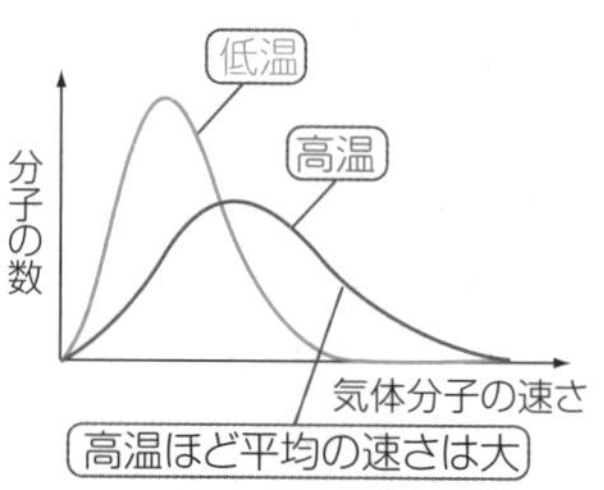

■ 発展 絶対温度(単位〔K〕(ケルビン))

粒子の熱運動が停止するとみなされる温度(絶対零度 0〔K〕＝−273〔°C〕)を基準とした温度。熱運動のエネルギーの大きさを表す尺度である。

$T=t+273$　T〔K〕；絶対温度(ぜったいおんど)，t〔°C〕；セルシウス温度

■物質の三態

水に氷や水蒸気の状態があるように，物質を構成する粒子間にはたらく結合力と熱運動の関係から，物質は**固体・液体・気体**の三つの状態をとる。温度や圧力を変えると，状態間を相互に変化(**状態変化**)する。

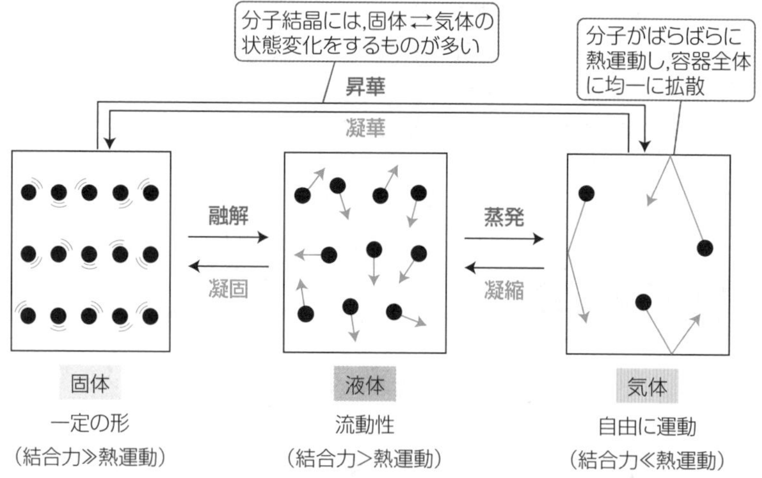

■固体を加熱したときの温度変化

氷を加熱していったときの様子

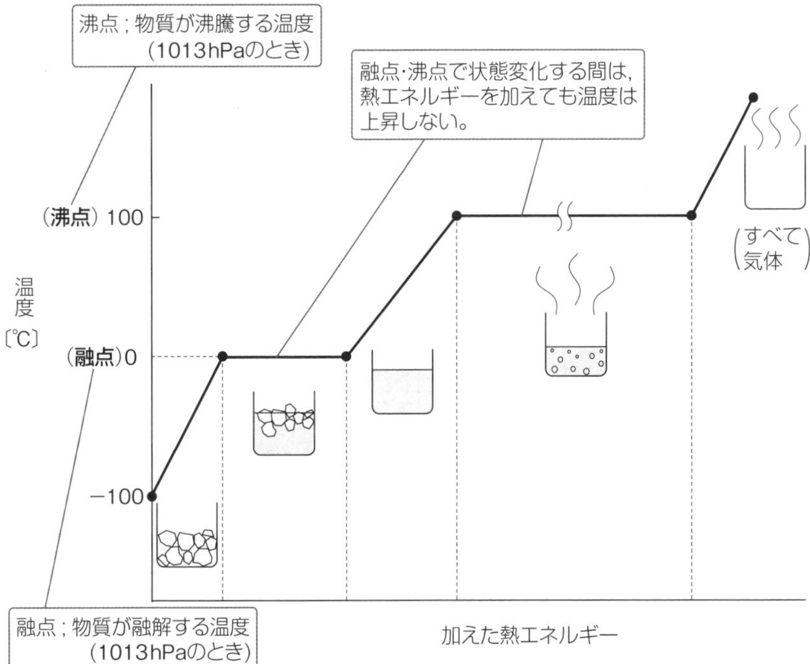

■大気圧

密閉された容器中で，気体分子は器壁に衝突して圧力を及ぼす。大気の示す圧力を**大気圧**という。通常の大気圧は

$$1013\ \overset{\text{ヘクトパスカル}}{\mathrm{hPa}} = 1.013\times10^{5}\ \overset{\text{パスカル}}{\mathrm{Pa}} = 760\ \mathrm{mmHg} = 1\ \mathrm{atm}$$

赤シートCHECK

☑物質が熱運動によって広がっていく現象を拡散という。

☑物質には温度や圧力によって固体・液体・気体の三つの状態がある。これを物質の三態という。

☑絶対温度 T〔K〕$= t$〔℃〕$+ 273$　(t；セルシウス温度)

標準マスター

解法 Pick Up

水は，温度や圧力に応じて水蒸気(気体)，水(液体)，氷(固体)の三つの状態をとる。図中の**ア**〜**ウ**の状態変化を表す用語の組合せとして最も適当なものを，下の①〜⑧のうちから一つ選べ。

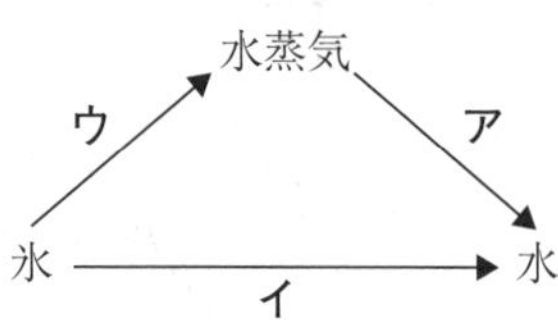

	ア	イ	ウ
①	凝縮	溶解	蒸発
②	凝縮	溶解	昇華
③	凝縮	融解	蒸発
④	凝縮	融解	昇華
⑤	凝固	溶解	蒸発
⑥	凝固	溶解	昇華
⑦	凝固	融解	蒸発
⑧	凝固	融解	昇華

解説

融解・溶解　まったく違う

ア　気体から液体への状態変化を凝縮といい，凝固は液体から固体への状態変化である。

イ　固体から液体になる状態変化を融解という。溶解は，溶質が溶媒に溶ける変化である。

ウ　固体が直接気体になる状態変化を昇華という。蒸発は液体から気体への変化である。

正解 ［④］

Work Shop

解答は別冊２ページ

4 身のまわりに見られる現象に関する記述（**a**～**c**）について，それぞれと関係の深い語の組合せとして最も適当なものを，下の①～⑧のうちから一つ選べ。

a 紅茶の葉を熱湯に浸すと，葉に含まれる成分が湯に溶け出してくる。

b ドライアイスを室内に放置しておくと，小さくなる。

c 氷水を入れたコップの外側に水滴がつく。

	a	b	c
①	蒸留	昇華	凝固
②	蒸留	昇華	凝縮
③	蒸留	融解	凝固
④	蒸留	融解	凝縮
⑤	抽出	昇華	凝固
⑥	抽出	昇華	凝縮
⑦	抽出	融解	凝固
⑧	抽出	融解	凝縮

発展 **5** ある容器に気体を入れて気体分子の速さの分布を測定したところ，図に示す曲線 **A** が得られた。次に，条件を変えて測定したところ，曲線 **B** になった。この変化に対応する操作として最も適当なものを，次の記述①～④のうちから一つ選べ。

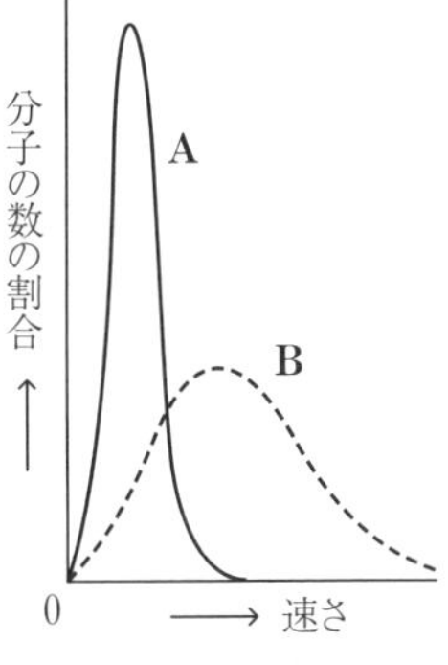

① 気体の種類を変えず，温度を低下させた。

② 気体の種類を変えず，温度を上昇させた。

③ 気体の種類を変えず，圧力一定のもとで，分子の数を増すことによって体積を増加させた。

④ 気体の種類を質量のより大きいものに変えた。

Smart Chart

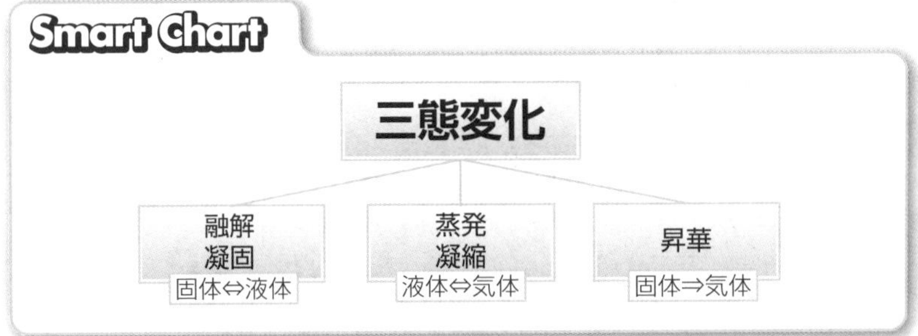

POINT
1-3 原子の構造

■原子

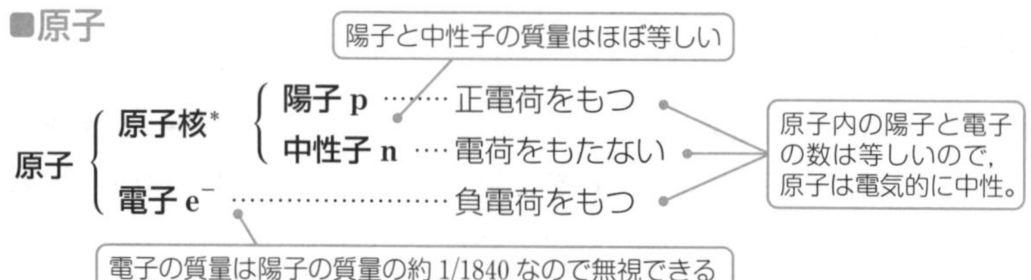

＊原子核の直径は，（電子まで含めた）原子の直径に比べてはるかに小さい。原子半径は，一般に同一周期で右に行くほど小さくなる。

■原子番号と質量数

元素は種類ごとに陽子の数（電子の数）が決まっている。この数を**原子番号**（げんしばんごう）という。また，原子核にある陽子と中性子の数の和を**質量数**（しつりょうすう）という。下記のように，元素記号の左下に原子番号，左上に質量数を添えて表す。

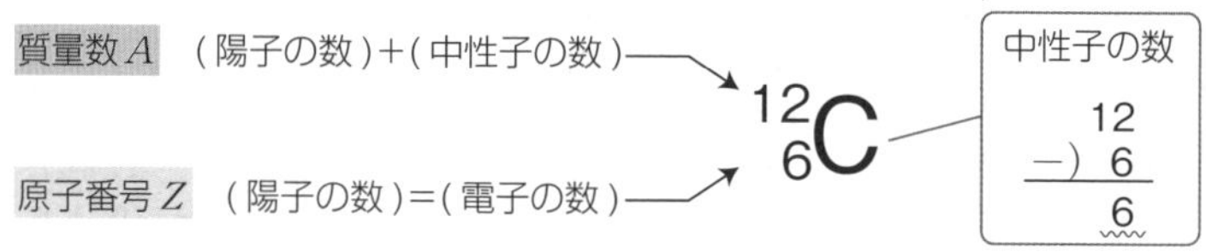

中性子の数は，右の吹き出しのように $A-Z$ で求めることができる。

■同位体

同じ元素で質量数が異なる原子，すなわち中性子の数が異なる原子を，互いに**同位体**（どういたい）（アイソトープ）という。

・同じ元素の同位体は，電子数が同じなので化学的な性質は似ている。

・多くの元素は天然に数種類の同位体をもつが，F，Na，Al のように，安定な同位体がそれぞれ一種類しかないものも存在する。

➡**放射性同位体**（ほうしゃせいどういたい）（ラジオアイソトープ）…原子核が不安定で，α 線（He の原子核）などの放射線を放出して別の原子核へ変化する同位体。

例　トレーサ，年代測定，医療などに応用される。

$^{14}_{6}C \longrightarrow ^{14}_{7}N + e^-$（$\beta$ 線）

■電子殻

原子内の電子は，原子核を中心に，いくつかの決まった**電子殻**(でんしかく)という軌道を飛び回っている。内側から順に，K 殻，L 殻，M 殻，…という。それぞれの電子殻に入る，電子の最大収容数は決まっている。

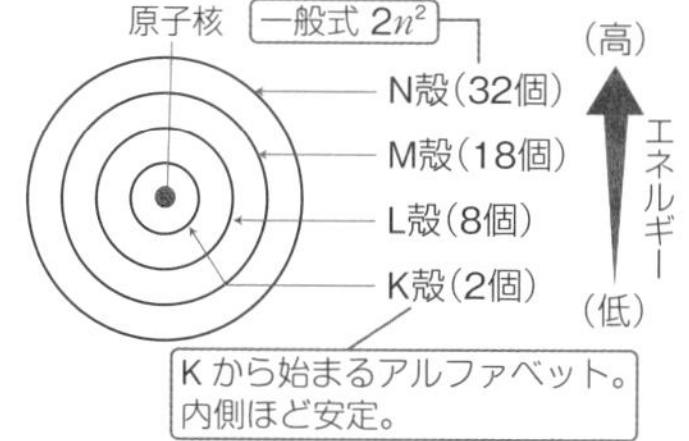

■価電子

最も外側の電子殻にある電子を**最外殻電子**(さいがいかくでんし)という。最外殻電子は，その元素の化学的な性質を決めるので**価電子**(かでんし)といいい，価電子の数が同じ元素の性質は互いに似ている。ただし，貴ガス(希ガス)の価電子の数は 0 とし，最外殻電子の数とは区別する。また，原子を原子番号順に並べると，価電子の数は周期的に変化する。

■電子配置

電子を内側から順につめていくと，電子の配置を模式的に表すことができる(ボーア模型という)。また，Li・のように，元素記号に最外殻電子を点で付記した化学式を電子式(でんししき)という。

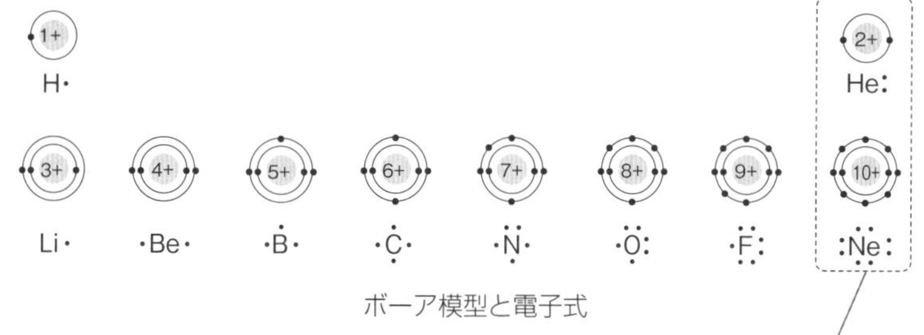

ボーア模型と電子式

貴ガスの最外殻電子数は He;2個，その他;8個で化学的に安定(この状態を閉殻という)。

赤シートCHECK

☑質量数＝陽子の数＋中性子の数

☑原子番号が同じで質量数が異なる原子どうしを互いに同位体という。

☑ヘリウムの最外殻電子の数は 2 個，価電子の数は 0 個。

標準マスター

解法 Pick Up

原子に関する記述として**誤りを含むもの**を，次の①～⑤のうちから一つ選べ。

① 陽子の数を原子番号という。

② 陽子の数と中性子の数の和を質量数という。

③ 原子がもつ陽子の数と電子の数は等しい。

④ $^{7}_{3}$Li がもつ中性子の数は 3 個である。

⑤ 同一原子では，K 殻にある電子は L 殻にある電子よりエネルギーの低い安定な状態にある。

解説

Say! 引いて求める中性子の数

① [○] 原子番号は陽子の数である。

② [○] 陽子と中性子の質量はほぼ等しく，その和を質量数という。整数であり，〔g〕のような質量の単位は付けない。

③ [○] 原子は電気的に中性であり，正電荷をもつ陽子の数と負電荷をもつ電子の数は等しい。

④ [×] (中性子数)＝(質量数)－(原子番号)であるから，中性子数は 7－3＝4〔個〕である。

⑤ [○] 内側の電子殻ほどエネルギーレベルは低く，安定である。

正解 [④]

Column ≫ 原子半径

原子の大きさは原子半径で表す。同族では，原子番号が大きくなると原子半径は大きくなる。これは，原子番号が大きくなると外側の電子殻まで電子が充填されるからである。

一方，同一周期では，原子番号が大きくなると原子半径は小さくなる(18 族除く)。これは，原子核の正電荷が増えるので，電子が強く引きつけられるからである。

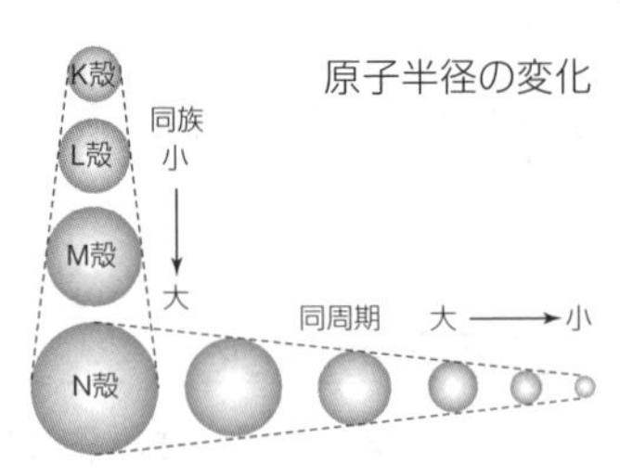

Work Shop

解答は別冊 2 ページ

6 二つの原子が互いに同位体であることを示す記述として正しいものを，次の①～⑤のうちから一つ選べ。

① 陽子の数は等しいが，質量数が異なる。
② 陽子の数は異なるが，質量数が等しい。
③ 陽子の数と中性子の数の和が等しい。
④ 中性子の数は異なるが，質量数が等しい。
⑤ 中性子の数は等しいが，質量数が異なる。

7 陽子を◎，中性子を○，電子を●で表すとき，質量数 6 のリチウム原子の構造を示す模式図として最も適当なものを，次の①～⑥のうちから一つ選べ。ただし，破線の円内は原子核とし，その外側にある実線の同心円は内側から順に K 殻，L 殻を表す。

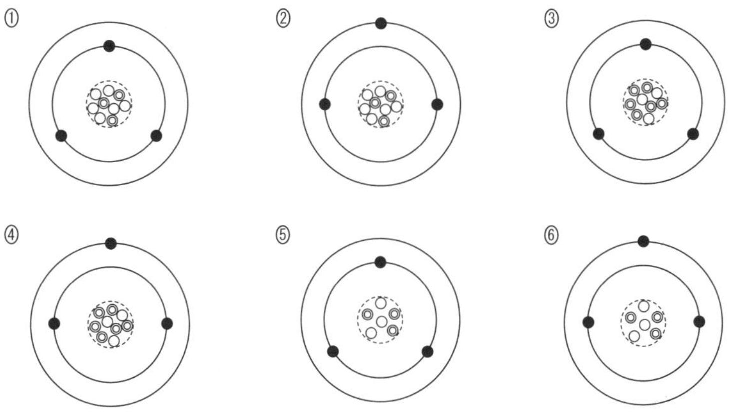

Smart Chart

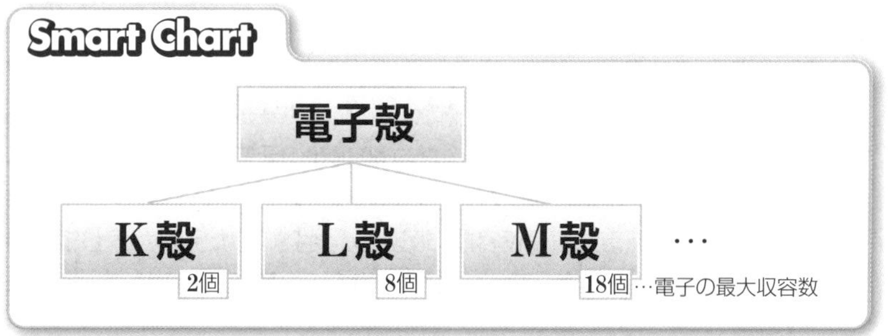

POINT

1-4 イオン・元素の周期表

■イオン

原子あるいは原子団が電子を受け取ったり失ったりすると，正負の電荷のバランスがくずれて，全体として電荷をもつ**単原子イオン**あるいは**多原子イオン**になる。受け取った電子の数，あるいは失った電子の数をイオンの**価数**という。

	説明	例
陽イオン	電子を失ってできたイオン(正の電荷をもつ)	(単原子イオン) Na^+，Ca^{2+}，Al^{3+} (多原子イオン) NH_4^+
陰イオン	電子を受け取ってできたイオン(負の電荷をもつ)	(単原子イオン) Cl^-，S^{2-} (多原子イオン) SO_4^{2-}

イオンができるときは，原子番号が最も近い貴ガス型の電子配置をとりやすい。たとえば，$_{11}Na$ は $_{10}Ne$ と，$_{17}Cl$ は $_{18}Ar$ と同じ電子配置になる。

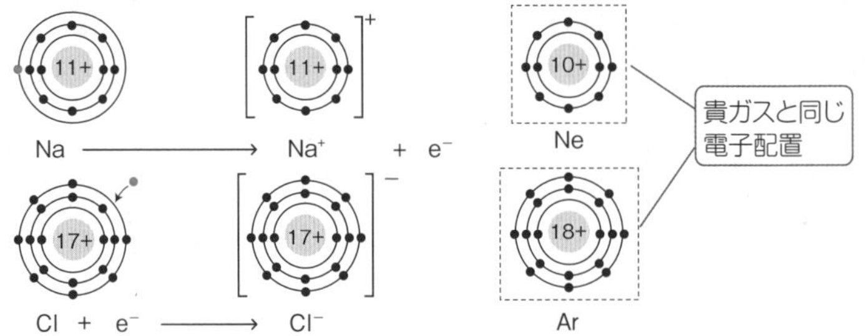

■イオン半径

イオンの大きさは**イオン半径**で表す。一般に，陽イオンの半径はその原子の半径より小さく，陰イオンの半径はその原子の半径より大きい。また，同じ電子配置のものどうしの場合，陰イオンより陽イオンの方が小さい。

例 $O^{2-} > F^- > Na^+ > Mg^{2+}$ (いずれも Ne 型)　原子核の陽子が多いほど，電子を強く引きつけるため。

■元素の周期律

元素を原子番号順に並べると，その性質が周期的に変化する。これを元素の**周期律**という。単体の融点，原子の大きさなどにも周期性がある。

・1869 年の周期表…当時知られていた約 60 種類の元素が原子量の順に並べられていた。メンデレーエフ(ロシア)が作成。

・現在の周期表…元素を原子番号順に配列し，性質の似た元素が同じ縦の列に並ぶようにしている。縦の列を**族**，横の行を**周期**という。

■典型元素

1，2 族および 13～18 族の元素を**典型元素**といい，非金属元素と金属元素がある。同族元素は価電子の数が同じなので，化学的性質がよく似ている。

1 族	水素 H 以外を**アルカリ金属**といい，1 価の陽イオンになりやすく，**炎色反応**を示す。単体は反応性に富む。
2 族	**アルカリ土類金属**といい，2 価の陽イオンになりやすい。ベリリウム Be，マグネシウム Mg 以外は**炎色反応**を示す。
17 族	**ハロゲン**といい，1 価の陰イオンになりやすい**陰性**の元素である。
18 族	**貴ガス(希ガス)**といい，沸点や融点が低い**単原子分子**である。化学的に安定であり，化合物をつくりにくい。

■遷移元素

3～12 族の元素を**遷移元素**という。単体はすべて**金属**であり，多くが重金属(密度が 4 g/cm^3 以上の金属)である。化学的な性質は周期表の縦の元素と似ているが，横に隣り合う元素とも似ている。化合物は有色のものが多い。

■単体の状態

常温・常圧における単体の状態は，以下のものを除くと固体である。

・気体…貴ガスのほかには，水素 H_2，窒素 N_2，酸素 O_2 (オゾン O_3)，フッ素 F_2，塩素 Cl_2 の 5 種類しかない。

・液体…臭素 Br_2 (非金属)と水銀 Hg (金属)の 2 種類しかない。

赤シートCHECK

☑単原子イオンの電子配置は貴ガス原子と同じになる。

☑典型元素には金属と非金属があるが，遷移元素はすべて金属である。

標準マスター

解法 Pick Up

次の **a**・**b** に当てはまるものを，それぞれの解答群の①～⑤のうちから一つずつ選べ。

a　周期表第 3 周期の元素

①　B　　②　Be　　③　Ca　　④　Cl　　⑤　Cu

b　2 価の単原子イオン

①　酸化物イオン　　②　水酸化物イオン　　③　フッ化物イオン
④　炭酸イオン　　⑤　硫酸イオン

解説

a　第 3 周期の元素は，Na，Mg，Al，Si，P，S，Cl，Ar の 8 種である。
①Bと②Beは第 2 周期，③Caと⑤Cuは第 4 周期に属する元素である。

b　　**物質名　化学式で　書いてみよ**

それぞれのイオン式は，① O^{2-}，② OH^{-}，③ F^{-}，④ CO_3^{2-}，⑤ SO_4^{2-} である。①と③は単原子イオン，②，④，⑤は多原子イオンである。①，④，⑤が 2 価の陰イオンだが，単原子イオンは①のみである。

正解　**a** [④]，**b** [①]

Column »» イオンの命名法

<陰イオン>

・酸素をもつ酸の陰イオンは，そのまま「～酸イオン」と命名。
　例　SO_4^{2-}　硫酸イオン
・それ以外（ハロゲンのイオン，OH^- など）は「～化物イオン」と命名。
　例　Cl^-　塩化物イオン，OH^-　水酸化物イオン

<陽イオン>

・金属元素のイオンは元素名に「イオン」をつける。
　例　Na^+　ナトリウムイオン
・H^+ が結合した多原子陽イオンは語尾を「オニウム」に変える。
　例　NH_4^+　アンモニウムイオン，H_3O^+　オキソニウムイオン

Work Shop

解答は別冊 3 ページ

8 2 価の多原子イオンを含む化合物を，次の①～⑥のうちから一つ選べ。

① 硫酸アンモニウム　② 酢酸ナトリウム　③ 硝酸鉛(Ⅱ)
④ リン酸カルシウム　⑤ 塩化カリウム　⑥ 硫化銀

9 イオンに関する記述として**誤りを含むもの**を，次の①～⑤のうちから一つ選べ。

① フッ素は陰イオンになりやすい。
② アルミニウムイオン Al^{3+} の電子配置は，ネオン原子の電子配置と同じである。
③ 酸化物イオンと硫化物イオンは，いずれも 2 価の単原子陰イオンである。
④ イオン結晶は，全体として電気的に中性である。
⑤ 塩を構成する陽イオンは，すべて金属元素からなる。

10 元素の性質に関する記述として正しいものを，次の①～⑤のうちから一つ選べ。

① 同じ周期に属する元素の化学的性質はよく似ている。
② 典型元素の単体は，常温・常圧で気体か固体のどちらかである。
③ 金属元素の単体は，すべて常温・常圧で固体である。
④ 1 族元素の単体は，すべて常温・常圧で固体である。
⑤ 18 族元素の単体は，すべて常温・常圧で気体である。

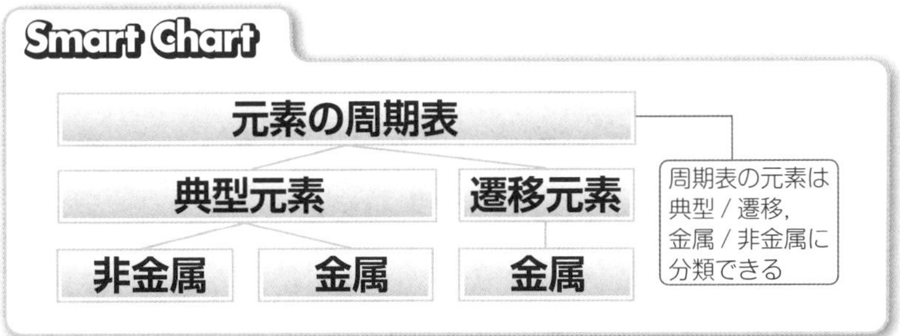

解答は別冊 4 ページ

11 酸素原子について，最も大きな数値を与える式を，次の①～⑤のうちから一つ選べ。

① (原子核の質量)÷(陽子の質量の総和)

② (中性子の質量の総和)÷(電子の質量の総和)

③ (陽子の総数)÷(電子の総数)

④ (^{18}O の質量)÷(^{16}O の質量)

⑤ (^{18}O の陽子の総数)÷(^{16}O の陽子の総数)

12 原子番号が 8，9，10，11，12 の元素に関する次の記述 **a** ～ **d** について，正誤の組合せとして正しいものを，右の①～⑧のうちから一つ選べ。

a 原子番号 8 の元素の 2 価の陰イオンと原子番号 12 の元素の 2 価の陽イオンの電子配置は，原子番号 10 の元素と同じである。

b 原子番号が大きくなると，価電子の数が大きくなる。

c 原子番号 10 の元素の単体は，原子番号 8 の元素の単体と容易に反応して燃焼する。

d 原子番号 9 の元素は，3 価の陰イオンになりやすい。

	a	b	c	d
①	正	正	誤	正
②	正	誤	誤	誤
③	正	正	正	誤
④	正	誤	正	正
⑤	誤	正	誤	正
⑥	誤	誤	誤	誤
⑦	誤	正	正	誤
⑧	誤	誤	正	正

13 熱運動のエネルギーと状態変化に関する次の記述 **a** ～ **d** について，正しいもの二つの組合せを，下の①～⑥のうちから一つ選べ。

a 気体の分子は，いろいろな方向に運動している。

b 分子の平均の速度は，温度によって変化しない。

c 分子の熱運動のエネルギーは，同じ物質の場合，固体より液体のほうが大きい。

d 融解や蒸発は熱の放出をともなう。

① **a**・**b**　② **a**・**c**　③ **a**・**d**　④ **b**・**c**　⑤ **b**・**d**　⑥ **c**・**d**

14 元素に関する記述のうちで，当てはまる元素が1種類だけであるものを，次の①～⑥のうちから一つ選べ。

① 単体が常温・常圧で液体である元素
② 遷移元素のうち，金属元素でない元素
③ 周期表の1族元素のうち，金属元素でない元素
④ 周期表の2族元素のうち，アルカリ土類金属でない元素
⑤ 周期表の第2周期元素のうち，金属元素である元素
⑥ 周期表の第3周期元素のうち，単体が常温・常圧で固体でない元素

15 1～18族・第1～第7周期(一部)から構成されている周期表で，典型金属元素に当たる場所がすべて▇で示されているものを，次の①～④のうちから一つ選べ。

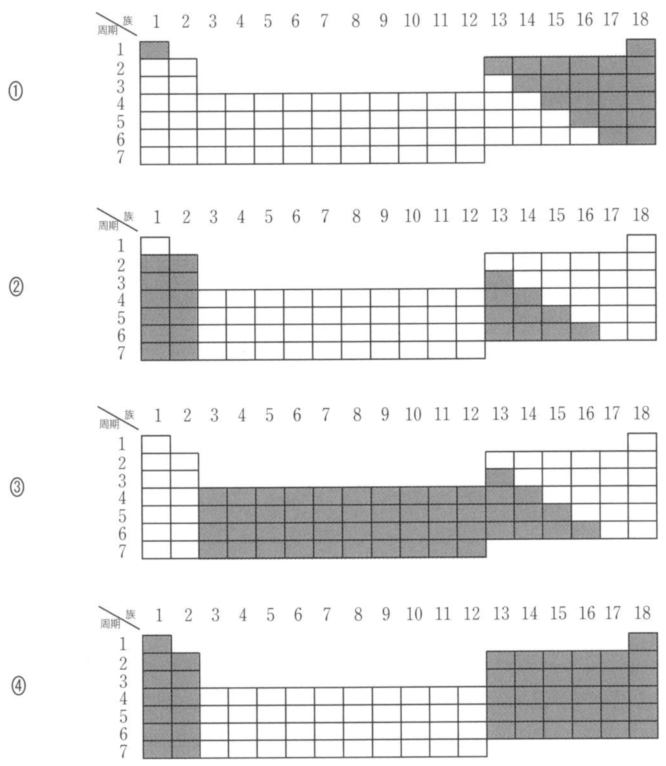

POINT 2-1 化学結合

■化学結合の種類と見分け方

一般に，結合に関与する原子の種類によって，結合を見分けられる。

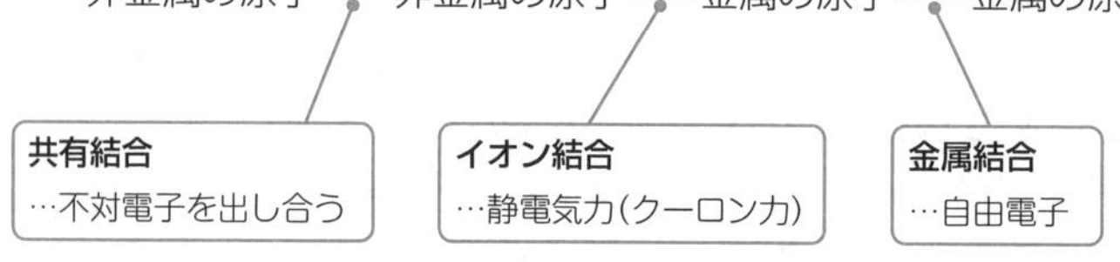

このほか，共有電子対を一方の原子が提供してできる**配位結合**がある。

■イオン結合

陽イオンと陰イオンが互いに静電気的に引き合ってできる結合。静電気力の強さは，電荷の大きさとイオン半径が関係している。たとえば NaCl よりも，2 価のイオンどうしでイオン半径も小さい MgO の方が強く結合している。

■共有結合

2 個の原子間で電子を出し合って対をつくり，これを共有してつくる結合。**単結合**・**二重結合**・**三重結合**がある。

共有電子対　非共有電子対

分子	メタン	アンモニア	水	フッ化水素
分子式	CH_4	NH_3	H_2O	HF
電子式	H:C:H（上下に H）	H:N:H（下に H，N 上に非共有電子対）	H:O:H（O の上下に非共有電子対）	H:F:（F に非共有電子対 3 組）
構造式	H−C−H（上下に H）	H−N−H（下に H）	H−O−H	H−F
分子の形	正四面体形	三角錐形	折れ線形	直線形

原子価
(価標の数)
H; 1
O; 2
N; 3
C; 4

共有されている一対の電子を**共有電子対**，共有されていない電子対を**非共有電子対**という。また，対になっていない電子を**不対電子**という。

価標………1 対の共有電子対を 1 本の線で表す。価標の数を**原子価**という。

構造式……価標を用いて分子内の原子の結びつきを示した化学式。

分子の形…分子はそれぞれ固有の形をしている。2 原子の中心間の長さを**結合距離**といい，原子半径の和になると考えてよい。

■金属結合

金属原子の価電子は，特定の原子だけでなく，多数の原子の間を自由に動き回っている。このような**自由電子**による金属原子間の結合。

■配位結合

共有電子対を，一方の原子が提供してできる共有結合。

```
   H                      H    +
   ‥                      ‥
H：N：  ＋ H⁺ ⟶   ［ H：N：H ］
   ‥                      ‥
   H                      H
アンモニア          アンモニウムイオン

   ‥                      ‥     +
H：O：  ＋ H⁺ ⟶   ［ H：O：H ］
   ‥                      ‥
   H                      H
  水               オキソニウムイオン
```

注意　アンモニウムイオン NH_4^+ の四つの N–H 結合は同等で区別できない。

■錯(さく)イオン

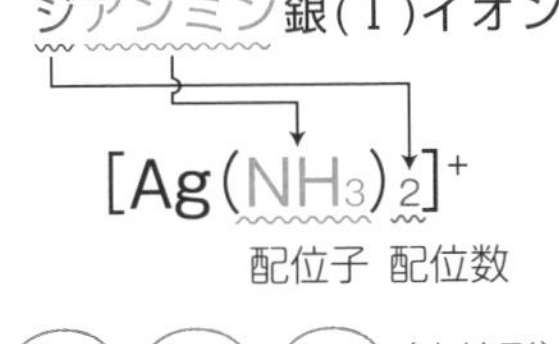

金属イオンに，いくつかの分子または陰イオン（**配位子**(はいいし)）が配位結合してできた多原子イオン。化学式は，中心となる金属に配位子を添え，［　］で囲む。

配位子は非共有電子対をもつ。配位子の数を**配位数**(はいいすう)という。主な配位子と名称は，以下のとおりである。

例　NH_3 アンミン，OH^- ヒドロキシド，Cl^- クロリド，CN^- シアニド

Column ≫ NH_4Cl の結合

イオン結晶の塩化アンモニウム NH_4Cl は 3 種の結合からできている。アンモニウムイオン NH_4^+ は三つの共有結合と一つの配位結合からなる。この NH_4^+ が塩化物イオン Cl^- とイオン結合している。

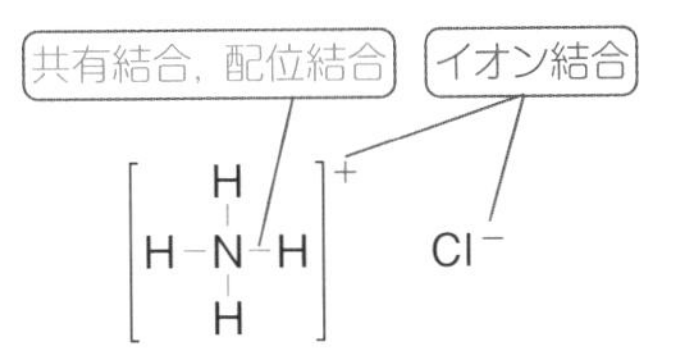

赤シートCHECK

☑一般に，金属の原子と非金属の原子との結合は，**イオン結合**である。
☑非金属の原子どうしの結合は，**共有結合**である。
☑金属の原子どうしの結合は，**金属結合**である。
☑一方の分子やイオンが共有電子対を提供する結合は，**配位結合**である。

標準マスター

解法 Pick Up

次の**a**・**b**に当てはまるものを，それぞれの解答群の①～⑤のうちから一つ選べ。

a **共有結合をもたない**物質

① 塩化ナトリウム　② ケイ素　③ 塩素
④ 二酸化炭素　⑤ アセチレン

b 三重結合をもつ分子

① N_2　② O_2　③ Cl_2　④ C_2H_4　⑤ H_2O_2

a ②～⑤は共有結合をもつが，①の塩化ナトリウムはイオン結合である。

① NaCl	② Si	③ Cl_2	④ CO_2	⑤ C_2H_2
Na^+ と Cl^- の間の静電気力	−Si−Si−（各Siに上下の結合） 単結合	Cl−Cl 単結合	O=C=O 二重結合	H−C≡C−H 単結合と三重結合
イオン結合	共有結合			

b 構造式で表すと，次のようになる。三重結合をもつ分子は，①の窒素。

① 窒素 N≡N　② 酸素 O=O　③ 塩素 Cl−Cl
④ エチレン $H_2C=CH_2$　⑤ 過酸化水素 H−O−O−H

正解 **a**［①］，**b**［①］

解法 Pick Up

分子の形に関する記述として正しいものを，次の①～⑤のうちから一つ選べ。

① H_2O は直線構造をとる。　② CO_2 は折れ線形構造をとる。
③ CH_4 は平面構造をとる。　④ NH_3 は正四面体構造をとる。
⑤ C_{60}（フラーレン）は球状構造をとる。

解説

① H_2O は折れ線形構造，② CO_2 は直線形構造，③ CH_4 は正四面体形構造，④ NH_3 は三角錐形構造をとる。⑤ C_{60} はサッカーボール型の球状分子である。

正解［⑤］

Work Shop

解答は別冊７ページ

16 次の a・b に当てはまるものを，それぞれの解答群の①～⑤のうちから一つ選べ。

a　最も多くの価標をもつ原子

①　窒素分子中の N　②　フッ素分子中の F　③　メタン分子中の C
④　硫化水素分子中の S　⑤　酸素分子中の O

b　二重結合をもつ直線形分子

①　H_2O　②　CO_2　③　NH_3　④　C_2H_2　⑤　C_2H_4

17 次の文章中の ア ～ ウ に当てはまる語の組合せとして正しいものを，下の①～⑦のうちから一つ選べ。

カリウムの単体は ア 結合でできている。塩素分子は イ 結合でできている。カリウムと塩素の化合物である塩化カリウムの結晶は ウ 結合でできている。

	ア	イ	ウ
①	イオン	イオン	共有
②	イオン	共有	イオン
③	イオン	共有	共有
④	金属	イオン	イオン
⑤	金属	イオン	共有
⑥	金属	共有	イオン
⑦	金属	共有	共有

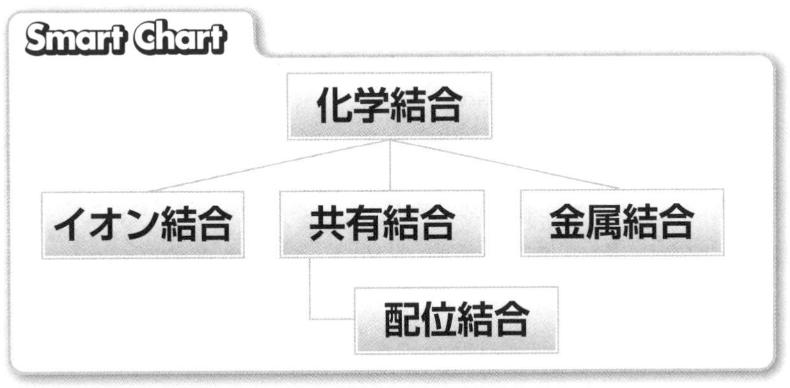

POINT
2-2 電気陰性度と極性

■陽性と陰性

周期表の左下にある元素ほど陽イオンになりやすく(**陽性**)，右上に行くほど(18 族を除く)陰イオンになりやすい(**陰性**)。

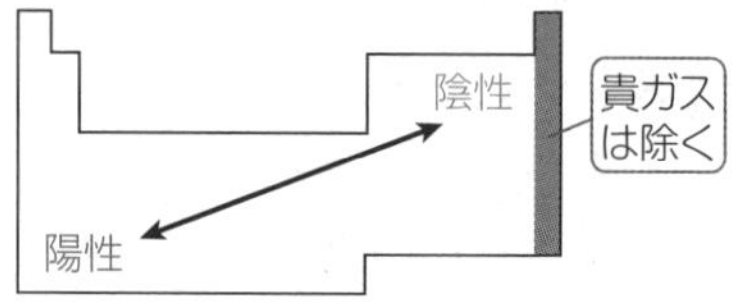

■(第一)イオン化エネルギー

原子から 1 個の電子をとり去るのに必要なエネルギー。これが小さいものほど陽イオンになりやすい(**最大は He**)。(第一)**イオン化エネルギー**には，下の図のような周期性がある。

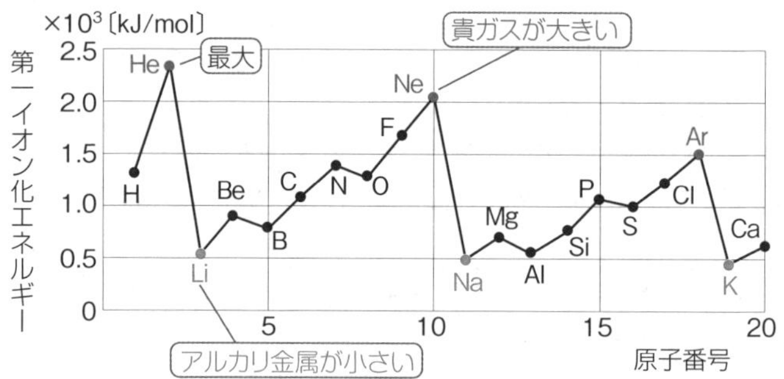

■電子親和力

原子が電子 1 個を得て陰イオンになるときに放出されるエネルギー。陰性元素の電子親和力が大きい。

■電気陰性度

化学結合(共有結合)するときに，原子が結合に関係する電子を引きつける強さを表す尺度。アルカリ金属が小さく，ハロゲンが大きい(**最大は** F)。

F＞O＞N

の順。二つの原子間の結合は，電気陰性度の差が大きければイオン結合，小さければ共有結合になる。

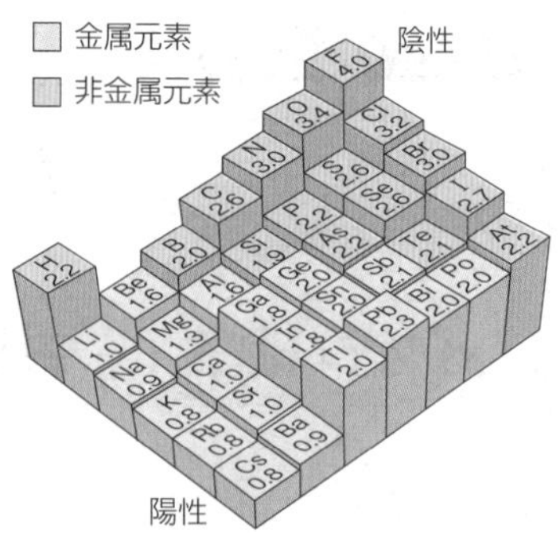

一般に，(第一)イオン化エネルギー，電子親和力，電気陰性度はいずれも，**周期表の左下ほど小さく，右上ほど大きくなる**傾向がある(ただし，電子親和力，電気陰性度は，18 族元素を除いて考える)。

■ 発展 水素結合

水やアンモニアなどの分子間で見られる O–H⋯O，N–H⋯N（⋯の部分）のように，H と電気陰性度の大きい原子(F，O，N など)の間にできる結合。

■極性分子（きょくせいぶんし）

水 H_2O のように，分子全体で電荷のかたよりがある分子。電気陰性度の差と分子の形に起因する。沸点や融点が無極性分子に比べて高い。

塩化水素 HCl はイオン結合ではなく，共有結合した極性分子である。

【極性分子】

δ− O, δ+H, Hδ+

折れ線形
H_2O

【無極性分子】

δ− ← δ+ → δ−
O＝C＝O

直線形
CO_2

δ+ H, δ+ H, C δ−, δ+ H, H δ+

正四面体形
CH_4

電荷のかたよりが打ち消されない

■無極性分子（むきょくせいぶんし）

二酸化炭素 CO_2 やメタン CH_4 は，分子の形に対称性があるため，結合の極性が打ち消されて無極性分子になる。

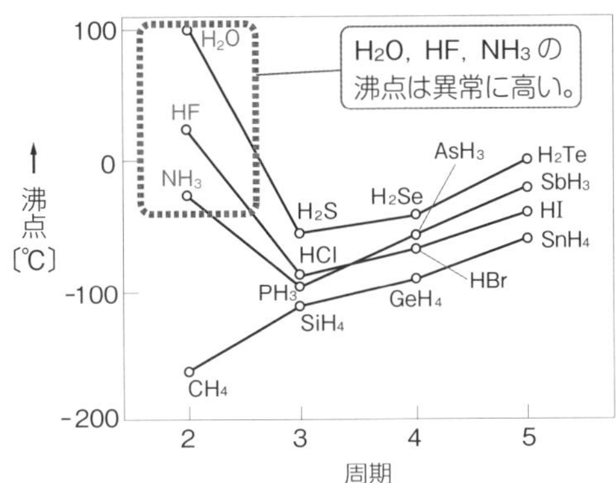

赤シート CHECK

☑ 原子を 1 価の陽イオンにするときに必要なエネルギーを第一**イオン化エネルギー**といい，原子が 1 価の陰イオンになるときに放出されるエネルギーを**電子親和力**という。

☑ H_2O や HCl のように，電荷のかたよりがある分子を**極性分子**という。

標準マスター

解法 Pick Up

イオンに関する記述として**誤りを含むもの**を，次の①～⑤のうちから一つ選べ。

① 原子がイオンになるとき放出したり受け取ったりする電子の数を，イオンの価数という。

② 原子から電子を取り去って，1価の陽イオンにするのに必要なエネルギーを，イオン化エネルギー(第一イオン化エネルギー)という。

③ イオン化エネルギー(第一イオン化エネルギー)の小さい原子ほど陽イオンになりやすい。

④ 原子が電子を受け取って，1価の陰イオンになるときに放出するエネルギーを，電子親和力という。

⑤ 電子親和力の小さい原子ほど陰イオンになりやすい。

解説

イオン化エネルギー・電子親和力　(周期表の)右の上ほど　大になる

① [○] 原子がイオンになるとき，放出あるいは受け取る電子の数が価数になる。たとえば，Al は電子3個を放出して3価の陽イオン Al^{3+} になる。

② [○] イオン化エネルギー(第一イオン化エネルギー)の定義である。

③ [○] 周期表の左下ほど，イオン化エネルギーは小さく，陽性である。

④ [○] 電子親和力の定義そのものである。

⑤ [×] 電子親和力の大きい原子ほど，陰イオンになりやすい。

正解 [⑤]

Work Shop

解答は別冊 7 ページ

18 元素の性質を，周期表にもとづいて比較した記述として下線部に**誤りを含むもの**を，次の①～⑤のうちから一つ選べ。

① 第 3 周期に属する元素では，原子番号が大きくなるにつれてイオン化エネルギー(第一イオン化エネルギー)が小さくなる。

② 第 3 周期に属する元素では，18 族を除き，原子番号が大きくなるにつれて陰性が強くなる。

③ 同じ族に属する典型元素では，原子番号が大きくなるにつれて陽性が強くなる。

④ 第 3 周期に属する元素では，18 族を除き，原子番号が大きくなるにつれて原子半径は小さくなる。

⑤ 遷移元素では，同族元素だけでなく，同じ周期で隣り合う元素とも性質が似ている場合が多い。

19 次の **a**・**b** に当てはまるものを，それぞれの解答群の①～⑤のうちから一つずつ選べ。

a イオン化エネルギー(第一イオン化エネルギー)が最も大きい原子

① P　② S　③ Cl　④ Ar　⑤ K

b $^{1}_{1}H$ と $^{2}_{1}H$ のイオン化エネルギーの比

① 1：4　② 1：2　③ 1：1　④ 2：1　⑤ 4：1

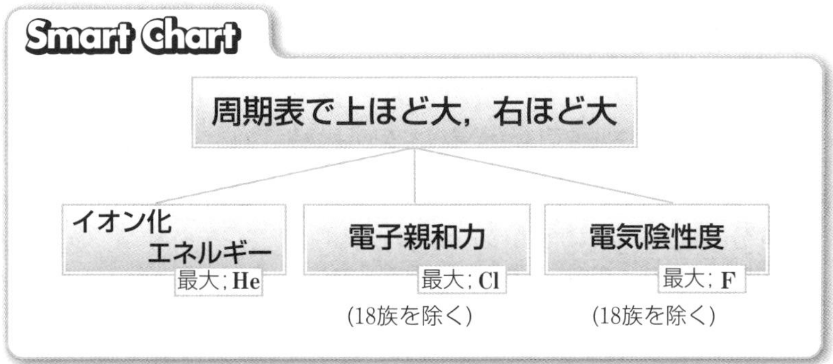

POINT
2-3 結晶

■固体

結晶(クリスタル)…原子・分子・イオンが規則的に配列。
非晶質(ひしょうしつ)(無定型固体，アモルファス)…粒子の配列に規則性がない。ガラスなど。

結晶	結合力	融点	硬さ	電気伝導性	
				固体	液体[*2]
共有結合の結晶	強	高	**きわめて硬い**	×[*1]	×
イオン結晶	↑	↑	**硬いがもろい**	×	○
金属結晶			**しなやか**	○	○
分子結晶	弱	低	**軟らかい**	×	×

＊1　黒鉛には電気伝導性がある。　＊2　融解したものあるいは水溶液。

■イオン結晶

イオン結合でできた結晶。

例　NaCl，NH_4Cl，MgO

イオンからできている物質は，正・負の電荷の総量が等しく，かつ最も簡単な整数比で示す**組成式**で表す。

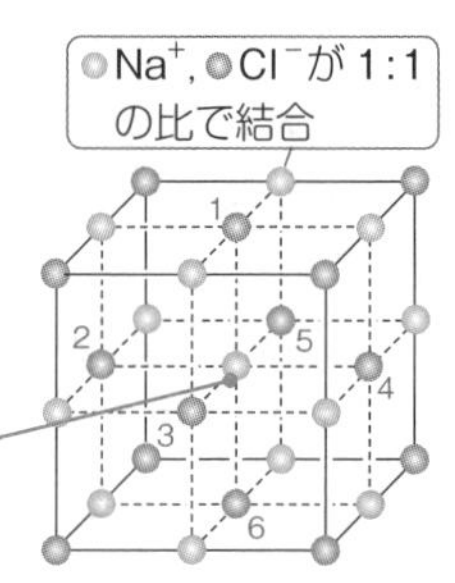

■分子結晶

分子どうしが，**ファンデルワールス力**という弱い力で結びついている結晶。軟らかく，融点も低い。昇華しやすいものがある。

例　ドライアイス，ヨウ素，ナフタレン

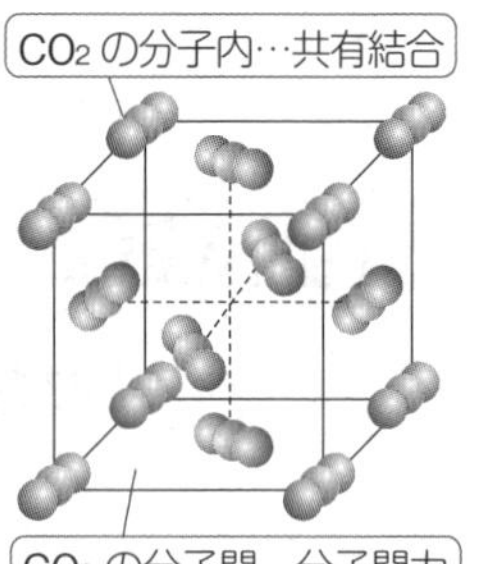

発展 **ファンデルワールス力**…分子間にはたらく弱い引力。無極性分子では分子量が大きいほど強い。

発展 **分子間力**(ぶんしかんりょく)…ファンデルワールス力，極性分子間にはたらく引力，水素結合を総称して分子間力という。

■共有結合の結晶

すべての原子が共有結合でつながっている結晶。巨大分子ともいう。組成式で表す。

例　ダイヤモンド, ケイ素

ただし，黒鉛は共有結合の結晶だが，層間が弱いファンデルワールス力で結合しているので軟らかい。

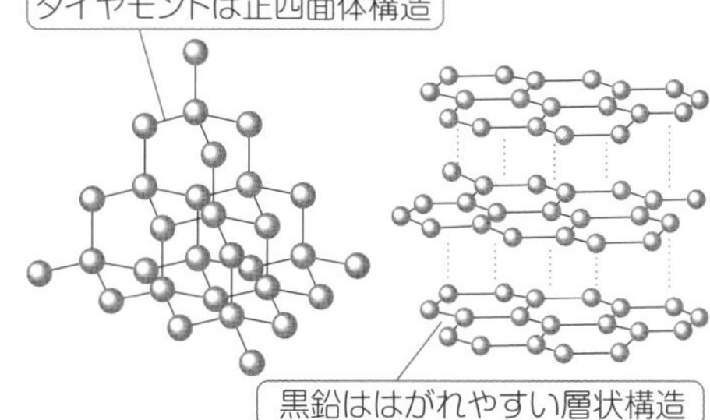

■金属結晶

金属結晶は**自由電子**で結合していて，金属光沢があり，**電気・熱伝導性，展性・延性**がある。金属は組成式で表す。

例　ナトリウム Na，アルミニウム Al，鉄 Fe，銅 Cu

展性	薄く広げて箔にすることができる性質	展性・延性は金 Au や銀 Ag が大きい
延性	引き伸ばして線にすることができる性質	

発展　金属の単位格子

結晶中の粒子の配列を**結晶格子**といい，その最小の構造を**単位格子**という。

体心立方格子	面心立方格子	六方最密構造

赤シートCHECK

☑イオン結晶は，硬いがもろい。固体で電気伝導性はないが，融解または水溶液にすると電気伝導性を示す。

☑分子結晶は軟らかい。共有結合の結晶はきわめて硬い。

☑金属結晶は，展性や延性に富む。

標準マスター

解法 Pick Up

塩化ナトリウムの結晶，ダイヤモンド，ヨウ素の結晶は，次の **a** ～ **d** のどの結合あるいは結合力で成り立っているか。正しいものの組合せとして最も適当なものを，下の①～⑧のうちから一つ選べ。

a　イオン結合

b　共有結合

c　金属結合

d　分子間力(ファンデルワールス力)

	塩化ナトリウムの結晶	ダイヤモンド	ヨウ素の結晶
①	a	b	a・c
②	a	d	b・c
③	a	b	b・d
④	a	d	c・d
⑤	c	b	a・c
⑥	c	d	b・c
⑦	c	b	b・d
⑧	c	d	c・d

解説

 **分子結晶にブンキョー(分子間力，共有結合)**

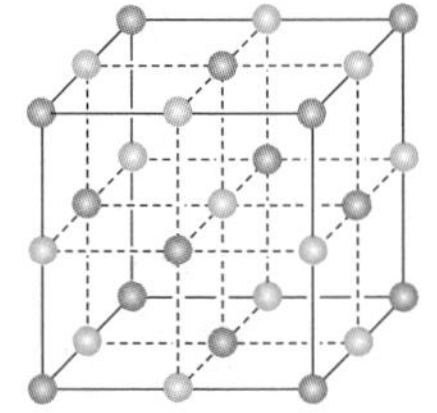

塩化ナトリウム NaCl はイオン結晶である。陽イオンの Na^+ と陰イオンの Cl^- が静電気力によって ${}_{\mathrm{a}}$イオン結合している。陽イオンと陰イオンは，交互に規則的に配列している。

ダイヤモンド C は共有結合の結晶である。炭素原子は 4 本の価標を正四面体の頂点に向かってのばし，各々に別の炭素原子が ${}_{\mathrm{b}}$共有結合している。

ヨウ素 I_2 の固体は，分子結晶である。結晶はヨウ素分子が弱い ${}_{\mathrm{d}}$分子間力で結合している。1 個のヨウ素分子は，ヨウ素原子が 1 本の価標で ${}_{\mathrm{b}}$共有結合した二原子分子である。

正解 [③]

Work Shop

解答は別冊 8 ページ

20 化学結合に関する記述として**誤りを含むもの**を，次の①～⑤のうちから一つ選べ。

① アンモニウムイオンの 4 個の N-H 結合の性質は，互いに区別できない。

② ナフタレン分子の原子間の結合は共有結合である。

③ 塩化ナトリウムの結晶はイオン結合からなる。

④ ダイヤモンドでは，炭素原子が共有結合でつながっている。

⑤ 金属ナトリウムでは，ナトリウム原子の価電子は，金属全体を自由に動くことができない。

21 次の **a**・**b** に当てはまるものを，それぞれの解答群の①～⑤のうちから一つ選べ。

a 共有結合の結晶

① ダイヤモンド　② 氷　③ ドライアイス
④ 食塩　⑤ 白金

b 常温・常圧で昇華しやすい物質

① ダイヤモンド　② 酸化カルシウム　③ ヨウ素
④ 二酸化ケイ素　⑤ 鉄

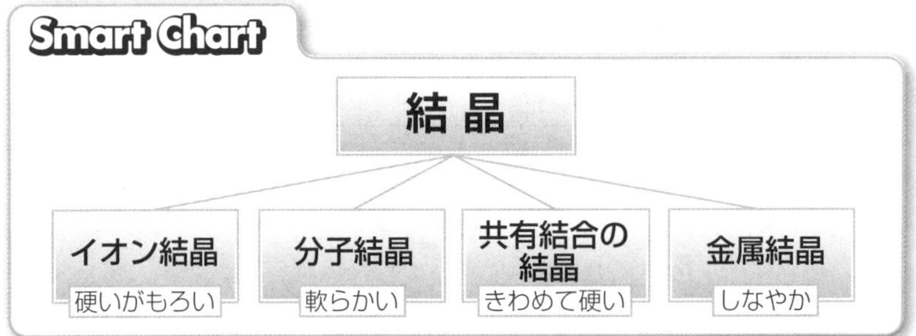

解答は別冊 9 ページ

22 空気に含まれる分子に関する記述として**誤りを含むもの**を，次の①～⑤のうちから一つ選べ。

① 窒素は三重結合をもつ。

② 酸素とオゾンは，互いに同素体である。

③ 水は，原子 3 個が折れ線形に共有結合した分子である。

④ アルゴンは，価電子を 8 個もつ。

⑤ 二酸化炭素中の炭素原子の原子価は，4 である。

23 固体では電気を通さないが，その水溶液は電気をよく通す物質を，次の①～⑥のうちから一つ選べ。

① リチウム　② 塩化カリウム　③ アルミニウム

④ 二酸化ケイ素　⑤ ヨウ素　⑥ 黒鉛

24 次の **a** ～ **d** は分子の結合に関する記述である。その内容の正誤の組合せとして正しいものを，下の①～⑤のうちから一つ選べ。

a 塩化水素の分子は，イオン結合でできている。

b 液体のベンゼンの中では，分子間に水素結合が存在する。

c オキソニウムイオンとアンモニウムイオンには，ともに配位結合が存在する。

d メタンの分子は，電気陰性度の異なる 2 種類の原子が結合しているので，極性をもつ。

	a	b	c	d
①	誤	誤	正	誤
②	正	正	誤	正
③	正	誤	正	誤
④	誤	誤	誤	正
⑤	誤	正	正	誤

25 次に示した電子配置をもつ5種類の原子**ア**〜**オ**がある。

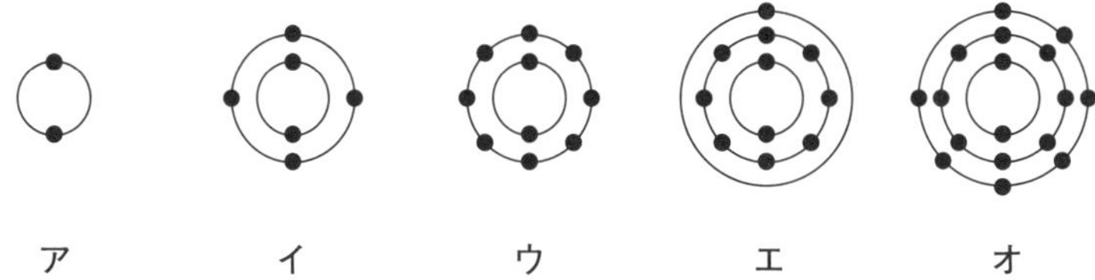

これらの原子に対応する元素を，それぞれ同じ記号**ア**〜**オ**で表したとき，次の**a**〜**c**に当てはまる組合せを，下の①〜⑨のうちから，それぞれ一つずつ選べ。ただし，同じ組合せを繰り返し選んでもよい。

a 周期表で同じ族に属する元素の組合せ

b 組成比が1：1のイオン結合の化合物をつくる元素の組合せ

c 組成比が1：4の共有結合の化合物をつくる元素の組合せ

① **ア**，**イ**　② **ア**，**ウ**　③ **ア**，**エ**　④ **ア**，**オ**　⑤ **イ**，**ウ**

⑥ **イ**，**オ**　⑦ **ウ**，**エ**　⑧ **ウ**，**オ**　⑨ **エ**，**オ**

26 次の記述①〜⑤のうちから，**誤りを含むもの**を一つ選べ。

① NH_3 は非共有電子対をもつ。

② H_2O は非共有電子対を二つもつ。

③ NH_4^+ 中の四つのN–H結合には，イオン結合が一つ含まれている。

④ H_3O^+ 中の三つのO–H結合は，まったく同じで区別することはできない。

⑤ 氷の中の H_2O 分子は，互いに水素結合によってつながっている。

27 電気陰性度および分子の極性に関する記述として正しいものを，次の①〜⑤のうちから一つ選べ。

① 共有結合からなる分子では，電気陰性度の小さい原子は，電子をより強く引き付ける。

② 第2周期の元素のうちで，電気陰性度が最も大きいのはLiである。

③ ハロゲン元素のうちで，電気陰性度が最も大きいのはFである。

④ 同種の原子からなる二原子分子は極性をもつ。

⑤ OとCの電気陰性度には差があるので，二酸化炭素は極性分子である。

POINT

3-1 物質量

■化学式

物質を元素記号で表したものを**化学式**という。化学式には**分子式**，**イオン式**，**組成式**（そせいしき），**構造式**（こうぞうしき）などがある。純物質は化学式で表すことができる。

分子式	分子を構成する原子の種類と，その数を示す添字(1は省略)を用いて表す。	例 O_2，H_2O，H_2SO_4
組成式	イオン結晶は，構成するイオンの種類とその数を最も簡単な比で表す。共有結合の結晶や金属も組成式で表す。	例 NaCl，$CaCl_2$，C，Fe

分子という単位のない物質は，すべて組成式で表す。

■原子量

➡原子の相対質量

原子1個の質量は非常に小さいので，$^{12}C=12$ としたときの各原子の質量の比（**相対質量**（そうたいしつりょう）という）で表す。単位はつかない。

原子	水素 H	炭素 C	酸素 O
原子1個の質量〔g〕	1.67×10^{-24}	1.99×10^{-23}	2.66×10^{-23}
相対質量	1.0	12（基準）	16

➡存在比と原子量

同位体の存在比を考慮して求めた相対質量(比)の平均値を，各元素の**原子量**（げんしりょう）という。単位はつかない。炭素Cの原子量は次のように求めることができる。

炭素	相対質量	存在比
^{12}C	12	98.90 %
^{13}C	13.003	1.10 %

$$12\times\frac{98.90}{100}+13.003\times\frac{1.10}{100}=12.01$$

注意　原子量の値がほぼ整数になるのは，同位体の存在比が一方に偏っているためである。また，共通テストでは必要な原子量の数値が与えられているので，覚える必要はない。

分子量と式量

H_2O や NaCl などにも，原子量と同じ基準で相対質量を考えることができる。

➡**分子量**(ぶんしりょう)…分子式を構成する原子の原子量の総和。

例 H_2O；1.0＋1.0＋16＝18

➡**式量**(しきりょう)……組成式・イオン式を構成する原子の原子量の総和。

例 NaCl；23＋35.5＝58.5，SO_4^{2-}；32＋16×4＝96

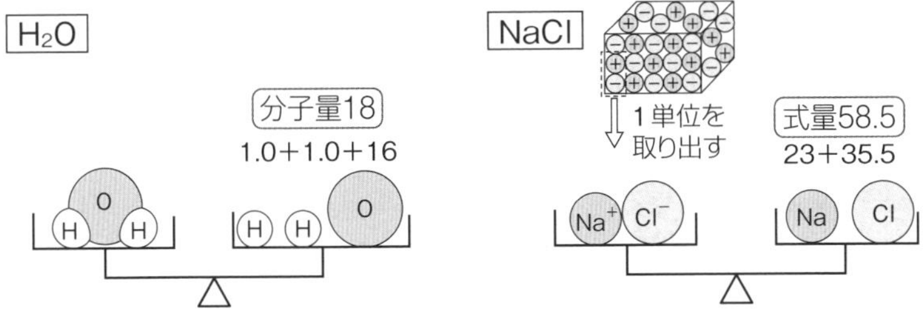

物質量(単位〔mol〕)

➡**1 mol** 粒子を $6.02×10^{23}$ 個集めた集団

原子や分子などの粒子は非常に小さく軽いので，まとめて扱うと都合がよい。そこで，粒子を $6.02×10^{23}$ 個集めた集団をひとまとまりと考え，これを 1 mol とする。^{12}C (1 個の質量；$1.993×10^{-23}$ g)を $6.02×10^{23}$ 個集めると，12 g に非常に近い値となる。

この粒子の数を**アボガドロ数**という。

➡**アボガドロ定数**($N_A＝6.02×10^{23}$ /mol) 1 mol あたりの粒子数。

モル質量

同一種類の粒子 1 mol あたりの質量〔g〕を**モル質量**〔g/mol〕という。原子を 1 mol 集めると(原子量)〔g〕，分子を 1 mol 集めると(分子量)〔g〕，組成式で表されるもの(金属など)を 1 mol 集めると(式量)〔g〕の質量になる。

原子	分子	組成式で表されるもの
H 1.0 g/mol O 16 g/mol Cl 35.5 g/mol	H_2O 18 g/mol O_2 32 g/mol HCl 36.5 g/mol	Na 23 g/mol NaCl 58.5 g/mol SO_4^{2-} 96 g/mol
(原子量)〔g/mol〕	**(分子量)〔g/mol〕**	**(式量)〔g/mol〕**

■気体 1 mol の占める体積

1 mol の気体は，0 °C，1.013×10^5 Pa（1 atm）の状態で，気体の種類に関係なく 22.4 L の体積を占める*。したがって，0 °C，1.013×10^5 Pa で 22.4 L を占める気体の質量は，その気体の分子量の数値に〔g〕をつけた値になる。

標準状態…0 °C，1.013×10^5 Pa の状態

モル体積…標準状態における気体 1 mol あたりの体積。22.4 L/mol

＊アボガドロの法則（**POINT 3-3** 基礎法則と化学反応式　参照）

➲空気の見かけの分子量

空気は窒素（N_2；分子量 28）約 80 %，酸素（O_2；分子量 32）約 20 % の均一混合物とみなせる。これにより，0 °C，1.013×10^5 Pa（標準状態）で 22.4 L の空気の質量を求めることができる。

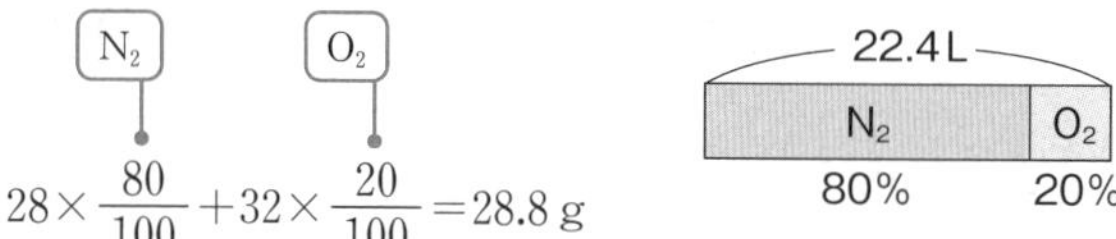

$$28\times\frac{80}{100}+32\times\frac{20}{100}=28.8\ \mathrm{g}$$

この 28.8 を空気の見かけの分子量，あるいは平均分子量という。

■物質量計算の考え方

➲物質量から分子数，質量，体積を求める

1 mol という量はアボガドロ数個の集団を表しているが，物質量がわかると，粒子数のほかにも質量や気体の体積を求めることができる。

たとえば，酸素（分子量 32）1 mol があったとして，次の表のように物質量を変えて分子数，質量，および体積を求めることができる。

物質量	分子数	質量	体積（0 °C，1.013×10^5 Pa）
1 mol	$1\times6.0\times10^{23}$ 個	1 mol × 32 g/mol ＝ 32 g	1 mol × 22.4 L/mol ＝ 22.4 L
2 mol	$2\times6.0\times10^{23}$ 個	2 mol × 32 g/mol ＝ 64 g	2 mol × 22.4 L/mol ＝ 44.8 L
3 mol	$3\times6.0\times10^{23}$ 個	3 mol × 32 g/mol ＝ 96 g	3 mol × 22.4 L/mol ＝ 67.2 L

「1 mol なら 32 g，では 5 mol なら 5 × 32 g」のように計算する。分子数や気体の体積も同様に計算する。物質量〔mol〕がわかれば，かけ算することにより，分子数，質量，気体の体積を求めることができる。

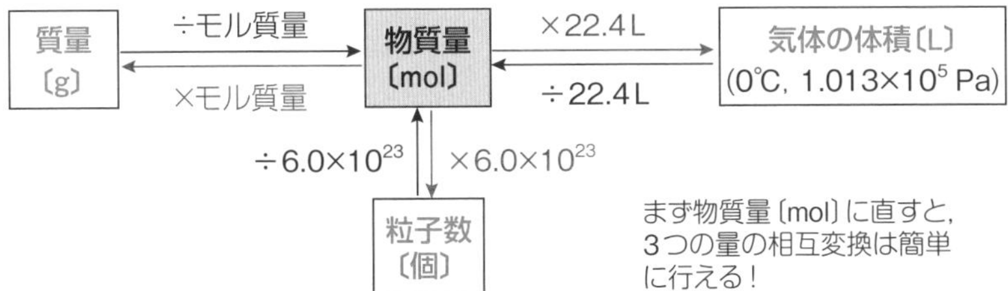

分子数，質量，体積から物質量〔mol〕を求める

前ページの表の質量の例でわかるように，(物質量)×(モル質量)＝(質量)という関係がある。モル質量を右辺に移項すると

(物質量)〔mol〕＝(質量)〔g〕÷(モル質量)〔g/mol〕

の関係がある。質量を，その基準であるモル質量で割ると，物質量が求められる。同様に，分子数や体積も，その基準であるアボガドロ定数やモル体積でわり算すれば，物質量を求められる。

物質量〔mol〕 $\dfrac{(\text{分子数})}{6.0\times10^{23}/\text{mol}}=\dfrac{(\text{質量})〔\text{g}〕}{(\text{モル質量})〔\text{g/mol}〕}=\dfrac{(\text{体積})〔\text{L}〕}{22.4\ \text{L/mol}}$ 基準で割る

例 酸素 O_2	分子数	質量	体積
物質量	例 1.8×10^{24} 個なら… $\dfrac{1.8\times10^{24}}{6.0\times10^{23}/\text{mol}}$ ＝3.0 mol	例 160 g なら… $\dfrac{160\ \text{g}}{32\ \text{g/mol}}$ ＝5.0 mol	例 11.2 L なら… $\dfrac{11.2\ \text{L}}{22.4\ \text{L/mol}}$ ＝0.500 mol

モルで考える

「モル，質量，物質量，モル質量」など，似たような用語が複数あり混乱しやすい。分子のモル質量の数値部分が分子量であることを理解した上で，まずは「何モルか？」の問いに対して，「質量／分子量」の計算により求められることを押さえておこう。

Say! モルは分子量ぶんの質量

赤シートCHECK

☑粒子(原子，分子・イオン) 6.02×10^{23} 個の集団を 1 mol とする。

☑物質 1 mol あたりの質量を**モル質量**といい，原子量・分子量・式量に単位 g/mol をつけて表す。

☑ 0℃，1.013×10^5 Pa では，気体 1 mol は 22.4 L の体積を占める。

標準マスター

解法 Pick Up

下線部の数値が最も大きいものを，次の①～⑤のうちから一つ選べ。ただし，原子量は，H=1.0，C=12，O=16 とする。

① 0°C，1.013×10^5 Pa (標準状態)のアンモニア 22.4 L に含まれる<u>水素原子の数</u>

② メタノール CH_3OH 1 mol に含まれる<u>酸素原子の数</u>

③ ヘリウム 1 mol に含まれる<u>電子の数</u>

④ 塩化カルシウム 1 mol に含まれる<u>塩化物イオンの数</u>

⑤ 黒鉛(グラファイト)12 g に含まれる<u>炭素原子の数</u>

解説

1 mol なら，粒子 6.0×10^{23} 個

① アンモニア 22.4 L は 1 mol である。NH_3 1 mol 中に H は 3 mol あるので，$3\times6.0\times10^{23}$ 個。

② CH_3OH 1 mol 中に O は 1 mol あるので，O の原子数は 6.0×10^{23} 個である。

③ He 1 個中に電子は 2 個ある。よって，He 1 mol 中の電子は $2\times6.0\times10^{23}$ 個である。

④ $CaCl_2$ 1 mol 中に Cl^- は 2 mol，すなわち $2\times6.0\times10^{23}$ 個ある。

⑤ 黒鉛 C のモル質量は 12 g/mol だから，12 g は $\frac{12\ \text{g}}{12\ \text{g/mol}}=1.0$ mol になる。よって，炭素原子は 1 mol，すなわち 6.0×10^{23} 個ある。

正解 [①]

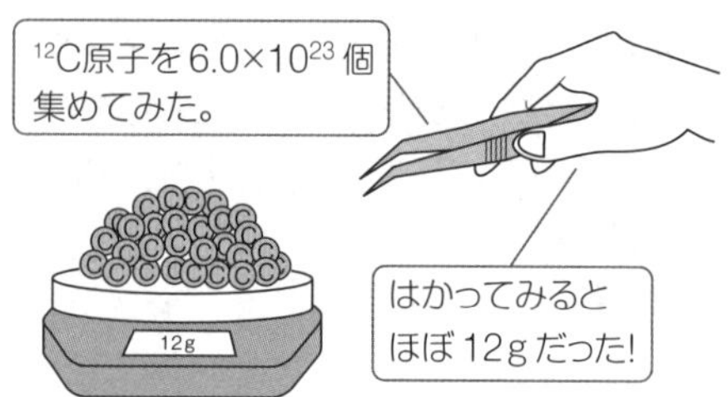

どんな粒子でも
6.0×10^{23}個の
集まりを1 molとする。

解法 Pick Up

体積 1.0 cm^3 の氷に，水分子は何個含まれるか。最も適当な数値を，次の①～⑥のうちから一つ選べ。ただし，氷の密度は 0.91 g/cm^3 とする。原子量は H＝1.0，O＝16，アボガドロ定数は 6.0×10^{23} /mol とする。

① 3.0×10^{21}　② 3.3×10^{21}　③ 3.7×10^{21}
④ 3.0×10^{22}　⑤ 3.3×10^{22}　⑥ 3.7×10^{22}

解説

密度＝$\dfrac{\text{質量}}{\text{体積}}$

体積 1.0 cm^3 の氷の質量は

$$0.91\ g/cm^3\times1.0\ cm^3=0.91\ g$$

H_2O＝18 より，この氷の物質量は

$$\frac{0.91}{18}\ mol$$

である。

分子 1 mol なら分子数は 6.0×10^{23} 個だから，$\dfrac{0.91}{18}$ mol には

$$\frac{0.91}{18}\ mol\times6.0\times10^{23}\ /mol=3.03\times10^{22}$$
$$\fallingdotseq3.0\times10^{22}\ 〔個〕$$

の水分子が含まれる。

正解〔④〕

Column ≫ 虎穴に入らずんば虎子を得ず。

「モル」が苦手という人が多い。分子数だけでなく，質量，体積などいろいろなモノに化ける厄介者のようにみえる。逆にいうと，いろいろなモノを一つの単位で扱えるスグレモノ。モルを避けるのではなく，モルに飛び込むことが，化学が得意になる近道だろう。

解法 Pick Up

天然の塩素は ^{35}Cl と ^{37}Cl の二つの同位体からなる。^{35}Cl の存在比(原子の数の割合)として最も適当な数値を，次の①～⑤のうちから一つ選べ。ただし，^{35}Cl の相対質量を 35.0，^{37}Cl の相対質量を 37.0，Cl の原子量を 35.5 とする。

① 25　② 33　③ 50　④ 67　⑤ 75

原子量　相対質量の　平均値

^{35}Cl の存在比を x % とすると，^{37}Cl の存在比は $(100-x)$ % より

$$35.0\times\frac{x}{100}+37.0\times\frac{100-x}{100}=35.5 \qquad \therefore \quad x=75$$

正解 [⑤]

自然界の塩素原子

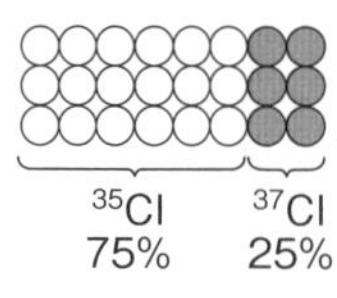

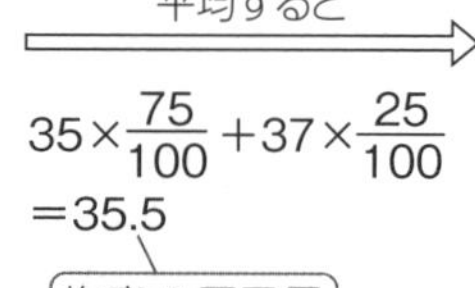

同位体のない塩素原子

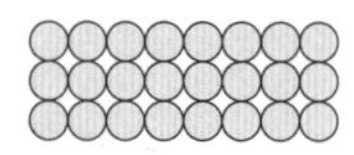

同位体を区別せず
すべて相対質量 35.5 の
塩素原子として扱う。

解法 Pick Up

原子量が 55 の金属 M の酸化物を金属に還元したとき，質量が 37 % 減少した。この酸化物の組成式として最も適当なものを，次の①～⑥のうちから一つ選べ。ただし，原子量は O=16 とする。

① MO　② M_2O_3　③ MO_2　④ M_2O_5　⑤ MO_3　⑥ M_2O_7

解説

Say　モルは原子量ぶんの質量

金属 M の酸化物の組成式を M_xO_y とする。

M_xO_y 100 g 中には，O が 37 g，M が 100 g−37 g=63 g 含まれている。M と O の原子数の比は，M と O の物質量の比に等しいから

$$x:y=\frac{63}{55}:\frac{37}{16}=1.14:2.31\fallingdotseq 1:2$$

（最も簡単な整数比）

よって，組成式は MO_2 である。

正解 [③]

Work Shop

解答は別冊 12 ページ

28 0℃, 1.013×10^5 Pa (標準状態) における体積が最も大きいものを，次の①～⑤のうちから一つ選べ。ただし，原子量は H=1.0，C=12，N=14，O=16，Cl=35.5，Ar=40 とする。

① 34 g のアンモニア　② 64 g の酸素　③ 99 g の二酸化炭素
④ 100 g のアルゴン　⑤ 142 g の塩素

29 ドライアイスが気体に変わると，0℃，1.013×10^5 Pa (標準状態) で体積はおよそ何倍になるか。最も適当な数値を，次の①～⑤のうちから一つ選べ。ただし，ドライアイスの密度は 1.6 g/cm^3，原子量は C=12，O=16 とする。

① 320　② 510　③ 640　④ 810　⑤ 10000

30 銀 $_{47}$Ag の原子量は 107.9 であり，天然に 2 種類の同位体が存在する。一方の同位体 $^{107}_{47}$Ag の相対質量は 106.9 であり，存在比は 52 % である。もう一方の同位体に含まれる中性子の数と電子の数について，正しい値の組合せを，右の①～⑥のうちから一つ選べ。

	中性子の数	電子の数
①	60	47
②	60	48
③	61	47
④	61	48
⑤	62	47
⑥	62	48

31 ある元素 M の単体 1.30 g を空気中で強熱したところ，すべて反応して酸化物 MO が 1.62 g 生成した。M の原子量として最も適当な数値を，次の①～⑤のうちから一つ選べ。ただし，原子量は O=16 とする。

① 24　② 48　③ 52　④ 56　⑤ 65

POINT
3-2 溶液の濃度と溶解度

■溶液

固体・液体・気体の物質(溶質(ようしつ))が液体(溶媒(ようばい))に溶けて，均一に混じり合う現象を**溶解**(ようかい)といい，混じり合ってできた混合物を**溶液**という。

■溶液の濃度

濃度の表し方には，**質量パーセント濃度**〔%〕，**(体積)モル濃度**〔mol/L〕などがある。

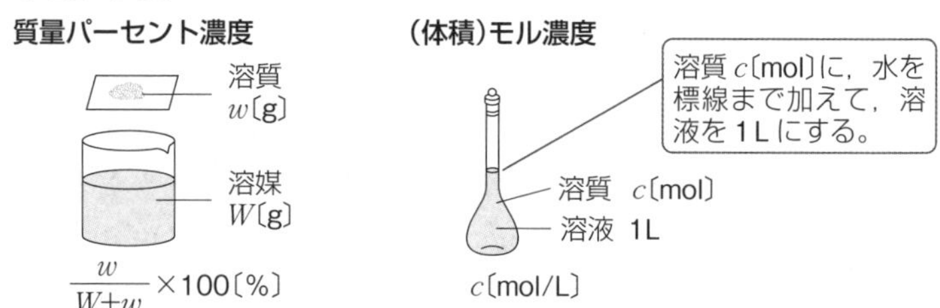

■濃度問題の考え方

溶液の希釈，濃縮，混合，あるいは溶液どうしの化学反応などを扱うときは，一般にモル濃度を用いる。モル濃度は上図のように，溶質を入れたメスフラスコに溶媒を標線まで加えて，溶液量を**1 Lとする**操作をイメージする。

➲溶液中の溶質量

溶質の物質量を求めるには，1 mL の溶液中に何 mol の溶質が溶けているのかを考えるとよい。

例　n〔mol/L〕の溶液 v〔mL〕中に，溶質は何 mol 溶けているか。

Step 1　1 L (1000 mL)に溶質 n〔mol〕が溶けている。

では，1 mL 中には…　➡ $\dfrac{n}{1000}$〔mol〕

Step 2　(同じ濃度で)2 mL 中には…　➡ $\dfrac{n}{1000}\times 2$〔mol〕

3 mL 中には…　➡ $\dfrac{n}{1000}\times 3$〔mol〕

Step 3　一般に，v〔mL〕中には…　➡ $\dfrac{n}{1000}\times v$〔mol〕

すなわち，溶液 v〔mL〕中に $\dfrac{nv}{1000}$〔mol〕の溶質が溶けている。

質量パーセント濃度〔%〕をモル濃度〔mol/L〕に換算する

例　モル質量 M の溶質の x〔%〕溶液は，モル濃度では何 mol/L か。ただし，溶液の密度を d〔g/cm^3〕とする。

Step 1　溶液 1 L（=1000 cm^3）を考える。

この溶液の質量は…　➡ $d\times1000$〔g〕

Step 2　そのうち，溶質の質量は…　➡ $d\times1000\times\frac{x}{100}$〔g〕

Step 3　よって，溶質の物質量は…　➡ $\dfrac{d\times1000\times\frac{x}{100}}{M}$〔mol〕

これが，溶液 1 L 中に溶けている。

すなわち，モル濃度は $\frac{10dx}{M}$〔mol/L〕となる。

Say　濃度の換算　溶液 1 L あたりで　考える

溶液の希釈・濃縮

溶液を水で希釈すると，溶液の体積は増加するが，溶質の物質量は変わらない。濃縮の場合も同様である。

Say　希釈・濃縮　溶質量は　変わらない

発展　固体の溶解度

飽和溶液(ほうわようえき)…ある温度で，溶質が限度まで溶けた溶液。

溶解度…一般に，**溶媒 100 g に溶ける溶質の最大質量**〔g〕で表す。ただし，$CuSO_4\cdot5H_2O$ のように**結晶水**(けっしょうすい)をもつものは，無水物の質量で表す。

溶解度曲線…溶解度と温度の関係を表したグラフ。固体の場合，溶解度は高温ほど大きくなる物質が多い。

再結晶…温度による溶解度の違いを利用して，純物質を精製する。

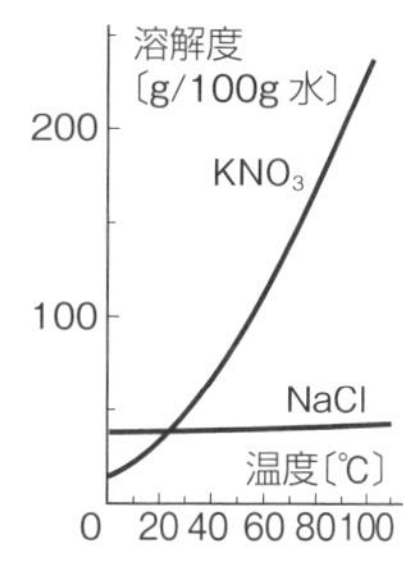

赤シートCHECK

- ☑溶かすための液体を**溶媒**といい，溶けている物質を**溶質**という。
- ☑溶液の濃度は**質量パーセント濃度〔%〕**や**モル濃度〔mol/L〕**で表す。
- ☑**溶媒 100 g** に溶ける溶質の最大質量〔g〕を固体の**溶解度**といい，温度との関係を表したグラフを**溶解度曲線**という。

標準マスター

解法 Pick Up

質量パーセント濃度 49 % の硫酸水溶液のモル濃度は何 mol/L か。最も適当な数値を，次の①～⑥のうちから一つ選べ。ただし，この硫酸水溶液の密度は 1.4 g/cm^3 とする。また，原子量は H=1.0，O=16，S=32 とする。

① 3.6　② 5.0　③ 7.0　④ 8.6　⑤ 10　⑥ 14

解説

Say 濃度の換算　溶液 1 L あたりで　考える

硫酸水溶液 1 L (1000 cm^3) 中に溶けている硫酸の質量〔g〕は

$$1000\times1.4\times\frac{49}{100}\ \mathrm{g}$$

この硫酸の物質量〔mol〕は，H_2SO_4=98 より

$$1000\times1.4\times\frac{49}{100}\ \mathrm{g}\times\frac{1}{98\ \mathrm{g/mol}}=7.0\ \mathrm{mol}$$

これが，溶液 1 L 中に溶けているので，モル濃度は 7.0 mol/L となる。

正解〔③〕

解法 Pick Up

14 mol/L のアンモニア水の質量パーセント濃度は何 % か。最も適当な数値を，次の①～⑥のうちから一つ選べ。ただし，このアンモニア水の密度は 0.90 g/cm^3 とする。また，原子量は H=1.0，N=14 とする。

① 2.1　② 2.4　③ 2.6　④ 21　⑤ 24　⑥ 26

解説

Say 濃度の換算　溶液 1 L あたりで　考える

このアンモニア水 1 L には，14 mol のアンモニアが溶けている。また，このアンモニア水 1 L (1000 cm^3) の質量は 1000×0.90 g である。

NH_3=17 だから，アンモニア 14 mol は 14×17 g。よって

$$(\text{質量パーセント濃度})=\frac{\text{溶質の質量}}{\text{溶液の質量}}\times100=\frac{14\times17\ \mathrm{g}}{1000\times0.90\ \mathrm{g}}\times100$$

$$=26.4\fallingdotseq26\ [\%]$$

正解〔⑥〕

Work Shop

解答は別冊 13 ページ

32 質量パーセント濃度 8.0 % の水酸化ナトリウム水溶液の密度は 1.1 g/cm^3 である。この溶液 100 cm^3 に含まれる水酸化ナトリウムの物質量は何 mol か。最も適当な数値を，次の①～⑥のうちから一つ選べ。ただし，原子量は，H＝1.0，O＝16，Na＝23 とする。

① 0.18　② 0.20　③ 0.22　④ 0.32　⑤ 0.35　⑥ 0.38

33 モル濃度 2.0 mol/L 硫酸の密度は 1.1 g/cm^3 である。この硫酸の質量パーセント濃度〔%〕として最も適当な数値を，次の①～⑥のうちから一つ選べ。ただし，原子量は，H＝1.0，O＝16，S＝32 とする。

① 8.9　② 9.8　③ 11　④ 18　⑤ 20　⑥ 22

34 0.05 mol/L の希塩酸 500 mL をつくるのに，モル濃度が 11.3 mol/L の塩酸何 mL が必要か。最も適当な数値を，次の①～⑥のうちから一つ選べ。

① 0.05　② 0.5　③ 1.0　④ 1.1　⑤ 2.0　⑥ 2.2

解法 Pick Up

発展 右の図は，硝酸カリウムと塩化ナトリウムの水に対する溶解度（水 100 g に溶ける溶質の質量〔g〕）の温度による変化を示している。硝酸カリウムの溶解度は，塩化ナトリウムが溶けていても変わらないものとして，次の問に答えよ。

塩化ナトリウム 3 g を含む，60 °C の硝酸カリウム飽和水溶液 423 g がある。この溶液を 19 °C まで冷却したとき，析出する硝酸カリウムの質量〔g〕として最も近い値を，次の①～⑤のうちから一つ選べ。

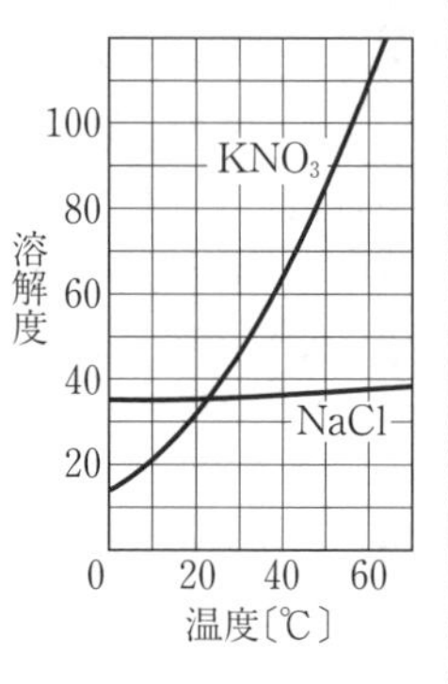

① 30　② 60　③ 80　④ 160　⑤ 220

解説

NaCl の 3 g 分を除いて考えると，420 g の KNO_3 飽和水溶液があることになる。60 °C での KNO_3 の溶解度は 110 だから，この飽和水溶液 420 g 中に含まれる KNO_3 の質量を x〔g〕とすると

$$\frac{(\text{溶質量})}{(\text{溶液量})}=\frac{110\text{ g}}{110\text{ g}+100\text{ g}}=\frac{x}{420\text{ g}}$$

$$\therefore\quad x=220\text{ g}$$

したがって，溶媒の水は 420 g−220 g＝200 g である。19 °C における KNO_3 の溶解度は 30 であるから，溶媒 200 g に溶けている KNO_3 を y〔g〕とすると

$$\frac{(\text{溶質量})}{(\text{溶媒量})}=\frac{30\text{ g}}{100\text{ g}}=\frac{y}{200\text{ g}}\qquad\therefore\quad y=60\text{ g}$$

KNO_3 220g
NaCl 3g
水 200g
60℃
↓
KNO_3 60g
NaCl 3g
水 200g
19℃

3 g の NaCl は溶けたままなので，NaCl を含まない純粋な KNO_3 が 220 g−60 g＝160 g 析出する。

正解〔④〕

別解

60 °C の飽和水溶液 210 g（水 100 g に 110 g の KNO_3 が溶けている）を 19 °C に冷却すると，110 g−30 g＝80 g の KNO_3 が析出する。飽和水溶液 420 g からの析出量を z〔g〕とすると

$$\frac{(\text{析出量})}{(\text{溶液量})}=\frac{80\text{ g}}{210\text{ g}}=\frac{z}{420\text{ g}}\qquad\therefore\quad z=160\text{ g}$$

Work Shop

解答は別冊 14 ページ

発展 **35** 右の図は，水に対する硝酸カリウムと硝酸ナトリウムの溶解度曲線であり，縦軸(溶解度)は水 100 g に溶ける無水物の最大量〔g〕を示している。硝酸ナトリウム 90 g と硝酸カリウム 50 g の混合物を，60℃で100 g の水に溶かした。この溶液に関する次の記述①～⑤のうちから，**誤りを含むもの**を一つ選べ。ただし，溶解度は他の塩が共存しても変わらないものとする。

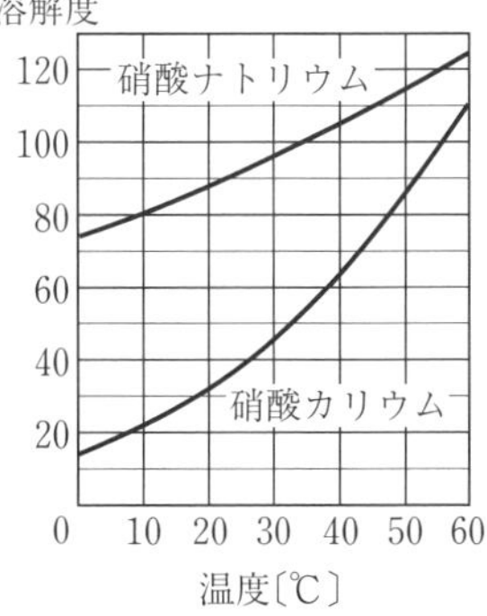

① 硝酸カリウムが析出し始めるのは，およそ 32℃まで冷却したときである。

② 20℃まで冷却すると，硝酸ナトリウムと硝酸カリウムの混合物が析出する。

③ 20℃から 0℃に冷却したときに析出する量は，硝酸カリウムの方が硝酸ナトリウムより多い。

④ 10℃まで冷却したとき，溶液中に含まれる溶質の質量パーセント濃度は硝酸カリウムの方が高い。

⑤ 60℃から 0℃の間で，硝酸ナトリウムのみ析出させることはできない。

発展 **36** 20℃において 46 g の塩化ナトリウムが溶けている水溶液 1000 g がある。この水溶液を加熱して濃縮した後，再び 20℃に保ったところ，10 g の塩化ナトリウムが析出した。

このとき蒸発した水の質量〔g〕として最も適当な数値を，次の①～⑤のうちから一つ選べ。ただし，20℃では純水 100 g に塩化ナトリウムが 36 g まで溶けるものとする。

① 854　② 864　③ 900　④ 954　⑤ 964

Smart Chart

溶解度の計算

(s；溶解度)

$$\frac{溶質量}{溶媒量}=\frac{s}{100}$$

$$\frac{溶質量}{溶液量}=\frac{s}{100+s}$$

POINT
3-3 基礎法則と化学反応式

■ 発展 化学の基礎法則

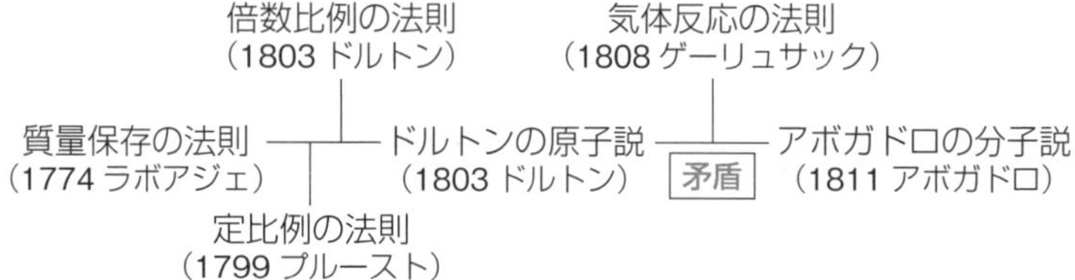

18 世紀末から 19 世紀初頭にかけてこれらの法則が発見されたのだが，「ドルトンの原子説」は「気体反応の法則」と矛盾してしまった。そこで，**分子**という考え方を導入することによって，この矛盾を解消した。

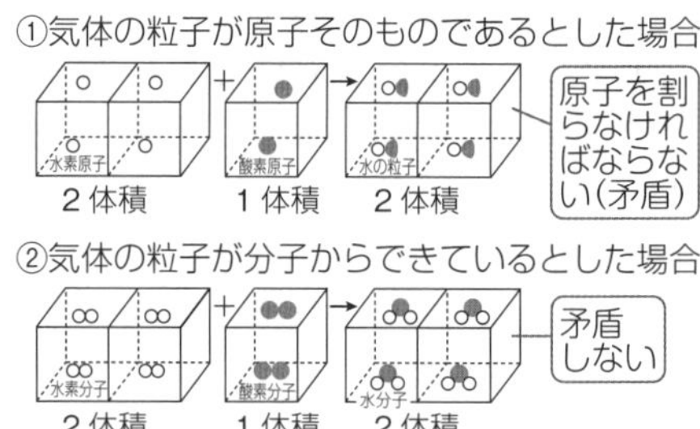

ここで，各法則を発見された年代順に整理する。

➲質量保存の法則　「化学反応の前後で，物質の総質量は変わらない」

➲定比例の法則　「一つの化合物を構成する成分元素の質量比は一定である」

例　酸化銅(Ⅱ) CuO において，銅と酸素は 4：1 の質量比になる。

➲倍数比例の法則　「元素 A，B からなる化合物が複数存在するとき，一定量の A と化合するそれぞれの B の質量は簡単な整数比になる」

例　銅 64 g と結合している酸素の質量は，酸化銅(Ⅰ) Cu_2O では 8 g，酸化銅(Ⅱ) CuO では 16 g になり，その比は 1：2 になる。

➲気体反応の法則　「同温，同圧で比較すると，反応する気体や生成する気体の体積は簡単な整数比になる。」

➲アボガドロの法則「同温，同圧，同体積の気体には，気体の種類に関係なく，同数の分子が含まれている。」

気体の種類により分子の大きさは異なるが，同温・同圧で，同数の分子が占める空間の体積は同じである。また，「0 ℃，1.013×10^5 Pa における気体 1 mol の体積は，気体の種類に関係なく，22.4 L を占める」という事実は，アボガドロの法則に従っている。

■化学反応式

化学反応を，反応物・生成物の化学式で表したものを**化学反応式**という。たとえば，水素 H_2 と酸素 O_2 が化合して水 H_2O が生成するときは

$$2H_2 + O_2 \longrightarrow 2H_2O$$

反応前後で原子は生成・消滅しないので，両辺の各原子の種類と数は等しくなければならない。そのために，化学式の前に分子などの数を表す係数（最も簡単な整数比）をつけて調整する。

➲化学反応式の書き方

1. 反応物を左辺に，生成物を右辺に書き，→で両辺を結ぶ
2. 両辺の各原子数が等しくなるように係数をつける
3. 反応しない溶媒や触媒などは書かない

係数 1 は省略する。また，イオン反応式では，両辺の電荷の総和も等しい。

➲係数のつけ方

化学反応式の係数は，やさしいものは目算法で，やや複雑なものは未定係数法によって求めることができる。

目算法	未定係数法
例　メタノールの燃焼 $CH_3OH + O_2 \longrightarrow CO_2 + H_2O$ C と H の原子数を合わせる。 $CH_3OH + O_2 \longrightarrow 1CO_2 + 2H_2O$ O の原子数を O_2 の係数で調整する。 $CH_3OH + \frac{3}{2}O_2 \longrightarrow CO_2 + 2H_2O$ 全体を 2 倍すると $2CH_3OH + 3O_2 \longrightarrow 2CO_2 + 4H_2O$ コツ 最後に，単体の係数で調整する。	$aCH_3OH + bO_2 \longrightarrow cCO_2 + dH_2O$ C，H，O に関して，原子数が等しくなるように連立方程式を立てる。 C 原子；　$a = c$ H 原子；　$4a = 2d$ O 原子；　$a + 2b = 2c + d$ $a = 1$ とすると，$b = \frac{3}{2}$，$c = 1$，$d = 2$ $CH_3OH + \frac{3}{2}O_2 \longrightarrow CO_2 + 2H_2O$ 以下，目算法と同様。

赤シートCHECK

☑化学反応式の両辺では，**各原子の数**が等しい。イオン反応式では両辺の**電荷の総和**も等しい。

☑同温，同圧，同体積の気体には，気体の種類に関係なく，**同数**の分子が含まれている。

標準マスター

解法 Pick Up

次の化学反応式中の係数($a \sim c$)の組合せとして正しいものを，下の①～⑥のうちから一つ選べ。

$$a\mathrm{NO}+b\mathrm{NH_3}+\mathrm{O_2} \longrightarrow 4\mathrm{N_2}+c\mathrm{H_2O}$$

	a	b	c
①	2	4	4
②	2	6	4
③	2	6	9
④	4	4	6
⑤	4	9	6
⑥	6	2	3

解説

反応の前後で原子の種類と数は等しい。N，O，H 原子の数について

N 原子； $a+b=8$

O 原子； $a+2=c$

H 原子； $3b=2c$

この連立方程式を解くことにより，$a=4$，$b=4$，$c=6$ となる。

正解 ［④］

Work Shop

解答は別冊 15 ページ

発展 **37** 水素と酸素から水が生成する気体反応のモデルとして，下の①～④を考えた場合，そのうちの三つのモデルは不適当であった。次の **a** ～ **c** に示した理由に当てはまるものを，①～④のうちからそれぞれ一つずつ選べ。ただし，白丸(○)は水素原子，黒丸(●)は酸素原子，立方体は単位体積を表す。

a 質量保存の法則に反している。

b この反応の体積変化を正しく表していない。

c ドルトンの原子説と矛盾している。

① 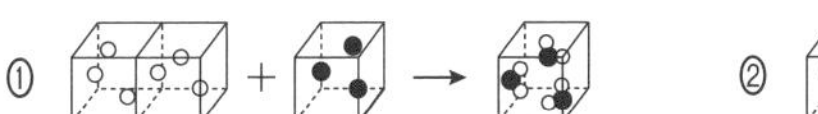
② 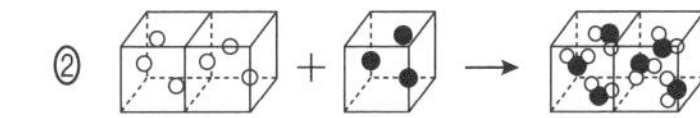

③ 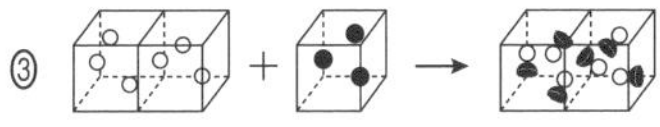
④ 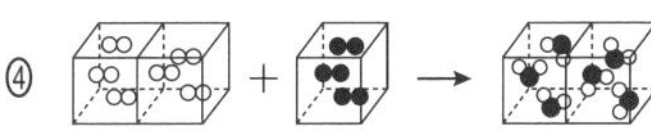

38 二酸化窒素に関する次の反応式中の係数(a ～ d)の組合せとして正しいものを，下の①～⑧のうちから一つ選べ。

$$aNO_2 + bH^+ + ce^- \longrightarrow N_2 + dH_2O$$

	a	b	c	d
①	1	4	4	2
②	1	4	8	2
③	1	8	4	4
④	1	8	8	4
⑤	2	4	4	2
⑥	2	4	8	2
⑦	2	8	4	4
⑧	2	8	8	4

化学反応式の書き方

- (反応物)→(生成物)
- 係数をつける(原子数を等しく)
- 溶媒・触媒は書かない

POINT

3-4 化学反応の量的関係

■化学反応の量的関係

メタン CH_4 の燃焼を例に，化学反応式の係数と各物質の量的関係を示す。

化学反応式	CH_4	+	$2O_2$	⟶	CO_2	+	$2H_2O$
係数比	1		2		1		2
分子数	1 個		2 個		1 個		2 個
物質量	1 mol		2 mol		1 mol		2 mol
気体の体積	22.4 L		2×22.4 L		22.4 L		(液体)
質量	16 g		2×32 g		44 g		2×18 g

ただし，気体の体積は 0℃，1.013×10^5 Pa (標準状態)での数値である。係数，分子数，物質量に関して，1：2：1：2 の比になっていることがわかる。また，常温では液体になってしまう水以外の物質は，体積が 1：2：1 の比になる(気体反応の法則)。

(係数比)＝(物質量比)＝(分子数比)＝(体積比)

(気体反応の場合。同温・同圧)

➲質量は保存される

質量比は，化学反応式の係数比にならない。それぞれの物質のモル質量が異なるからである。ただし，反応の前後で質量の総和は変わらない(**質量保存の法則**)。上のメタン CH_4 の燃焼の例では

(反応前)　　16 g＋2×32 g＝80 g

(反応後)　　44 g＋2×18 g＝80 g

のように同じ質量になる。

■反応物に過不足がある場合

化学反応の反応物は，つねに過不足なく与えられているとは限らない。過不足がある場合は，不足する方の反応物の量によって，生成物の量が決まる。

例　メタン 1 mol と酸素 3 mol を容器に入れて反応させた。

	CH_4	+	$2O_2$	⟶	CO_2	+	$2H_2O$
反応前	1		3		0		0
変化量	−1		−2		+1		+2
反応後	0		1		1		2

単位〔mol〕

(この行が係数比になる：変化量の行)

不足しているメタンはすべて反応し，過剰の酸素が 1 mol 残る。

Say♪ 化学反応　足りない方で　量が決まる

■様々な化学反応

炭素化合物の燃焼反応

メタン CH_4 などの炭素化合物が完全燃焼すると，C は CO_2 に，H は H_2O に変化する。また，エタノール C_2H_5OH などに含まれる化合物中の酸素原子 O は，燃焼に必要な酸素分子 O_2 とともに，生成物である CO_2 や H_2O の O へと変化する。

燃焼反応などによって生成した H_2O は，常温では凝縮して液体として存在する。容器の内壁がわずかに曇る程度なので，水の体積は 0 とみなせる。

沈殿反応

液体に溶けにくい固体が生成する変化を，沈殿反応という。

例　$Ag^{+} + Cl^{-} \longrightarrow AgCl\downarrow$　塩化銀 ……………白色沈殿
　　$Pb^{2+} + S^{2-} \longrightarrow PbS\downarrow$　硫化鉛(Ⅱ) ………黒色沈殿

沈殿物の質量を測定することにより，溶液中に溶けていたイオンの量を求めることができる。なお，上の例は元素 Cl や元素 S の確認に用いられる。

参考　沈殿物に↓，発生した気体に↑をつけて表すことがある。

純度・濃度が絡む問題

化学反応では，反応物や生成物が不純物を含んでいることもある。物質量を求める計算においては，純度(質量百分率)を考慮して純物質の質量に換算する必要がある。

一つの元素に着目する

硝酸 HNO_3 は，アンモニアを酸化し，さらに水に吸収させて製造する。

$$NH_3 \longrightarrow NO \longrightarrow NO_2 \longrightarrow HNO_3$$

いずれの物質も，1 分子に N 原子を 1 個含むため，アンモニアの N がすべて硝酸の N に変化したとすれば，1 mol の NH_3 から 1 mol の HNO_3 ができるといえる。実際の化学反応式は

$$NH_3 + 2O_2 \longrightarrow HNO_3 + H_2O$$

であり，NH_3 と HNO_3 の係数比は 1：1 である。

赤シートCHECK

☑化学反応式の(係数比)＝(**物質量比**)＝(**分子数比**)＝(**体積比**)
(気体反応の場合。同温・同圧)

☑過不足のある化学反応では，**不足する反応物**の量で生成物の量が決まる。

標準マスター

解法 Pick Up

炭酸カルシウム $CaCO_3$ 1.0 g に 1.0 mol/L 塩酸 30 mL を加えて二酸化炭素 CO_2 を発生させた。反応が完全に進行したときに発生する二酸化炭素は何 g か。最も適当な数値を，次の①～⑦のうちから一つ選べ。ただし，原子量は C=12，O=16，Ca=40 とする。

① 0.22　② 0.33　③ 0.44　④ 0.55
⑤ 0.66　⑥ 0.77　⑦ 0.88

Say♪ 化学反応　足りない方で　量が決まる

$CaCO_3$=100 より，1.0 g の $CaCO_3$ の物質量は

$$\frac{1.0\ \text{g}}{100\ \text{g/mol}}=1.0\times10^{-2}\ \text{mol}$$

1.0 mol/L 塩酸 30 mL 中の HCl の物質量は

$$\frac{1.0\ \text{mol}}{1000\ \text{mL}}\times30\ \text{mL}=3.0\times10^{-2}\ \text{mol}$$

この反応の化学反応式は

（係数比）=（物質量比）

	$CaCO_3$	+ $2HCl$	⟶ $CaCl_2$	+ H_2O	+ CO_2↑	
反応前	1.0	3.0	0	0	0	
変化量	−1.0	−2.0	+1.0	+1.0	+1.0	
反応後	0	1.0	1.0	1.0	1.0	($\times10^{-2}$ mol)

$CaCO_3$ と HCl は 1：2 の物質量比で反応するので，HCl が過剰である。$CaCO_3$ 1.0×10^{-2} mol は完全に反応し，HCl 1.0×10^{-2} mol は未反応のまま残る。この反応で CO_2 1.0×10^{-2} mol が発生する。CO_2=44 より，CO_2 1.0×10^{-2} mol の質量は

$$1.0\times10^{-2}\ \text{mol}\times44\ \text{g/mol}=0.44\ \text{g}$$

正解 [③]

Work Shop

解答は別冊 15 ページ

39 窒素 1.00 mol と水素 3.00 mol を混合し，触媒を用いて反応させたところ，窒素の 25 % がアンモニアに変化した。0℃，1.013×10^5 Pa（標準状態）で反応前後の混合気体の体積を比較するとき，その変化に関する記述として最も適当なものを，次の①～⑤のうちから一つ選べ。

① 22.4 L 減少する　② 16.8 L 減少する　③ 11.2 L 減少する
④ 5.60 L 減少する　⑤ 変化しない

40 質量パーセント濃度 3.4 % の過酸化水素水 10 g を，少量の酸化マンガン(Ⅳ)に加えて，酸素を発生させた。過酸化水素が完全に反応すると，発生する酸素の体積は 0℃，1.013×10^5 Pa（標準状態）で何 L か。最も適当な数値を，次の①～⑥のうちから一つ選べ。ただし，原子量は H＝1.0，O＝16 とする。

① 0.056　② 0.11　③ 0.22　④ 0.56　⑤ 1.1　⑥ 2.2

41 7 個のビーカーに塩酸を 50 mL ずつはかりとり，それぞれのビーカーに 0.5 g から 3.5 g まで 0.5 g きざみの質量の炭酸水素ナトリウム $NaHCO_3$ を加えた。発生した二酸化炭素 CO_2 と加えた $NaHCO_3$ の質量の間に，次の図に示す関係がみられた。この実験に用いた塩酸の濃度は何 mol/L か。最も適当な数値を，下の①～⑤のうちから一つ選べ。ただし，原子量は H＝1.0，C＝12，O＝16，Na＝23 とする。

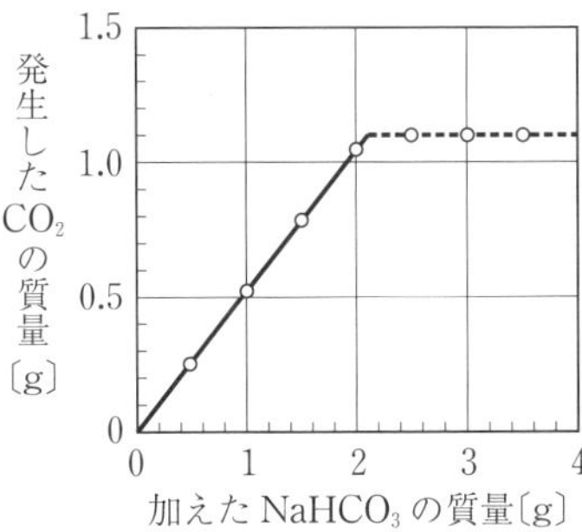

① 0.25　② 0.50　③ 0.75　④ 1.0　⑤ 1.3

解法 Pick Up

ある質量の硫酸銅(Ⅱ)五水和物を水に溶かし，十分な量の水酸化ナトリウム水溶液を加えて，水酸化銅(Ⅱ)を沈殿させた。この沈殿を取り出し，加熱して酸化銅(Ⅱ)としたとき，その質量は0.80 gであった。はじめに用いた硫酸銅(Ⅱ)五水和物の質量は何gか。最も適当な数値を，次の①〜⑥のうちから一つ選べ。ただし，原子量はH=1.0，O=16，S=32，Cu=64とする。

① 1.3　② 1.4　③ 1.6　④ 2.5　⑤ 2.8　⑥ 3.2

解説

硫酸銅(Ⅱ)五水和物 $CuSO_4 \cdot 5H_2O$ を水に溶かすと，結晶水は溶媒の一部となる。$CuSO_4$ の水溶液(銅は Cu^{2+} として溶解している)に，十分な量のNaOHを加えると，Cu^{2+} はすべて $Cu(OH)_2$ として沈殿する。

$$1Cu^{2+} + 2OH^- \longrightarrow 1Cu(OH)_2 \quad \cdots\cdots(1)$$

この沈殿 $Cu(OH)_2$ を加熱すると，0.80 gのCuOが生成した。

$$1Cu(OH)_2 \longrightarrow 1CuO + H_2O \quad \cdots\cdots(2)$$

(1)式の係数比より，$CuSO_4$ 1 molは $Cu(OH)_2$ 1 molに変化する。また，(2)式の係数比より，$Cu(OH)_2$ 1 molはCuO 1 molに変化する。

すなわち，$CuSO_4 \cdot 5H_2O$ 1 molがCuO 1 molに変化するので，両者の物質量は等しい。

$CuSO_4 \cdot 5H_2O$ の質量を x〔g〕とすると，$CuSO_4 \cdot 5H_2O = 250$，$CuO = 80$ より

$$\frac{x}{250\ \text{g/mol}} = \frac{0.80\ \text{g}}{80\ \text{g/mol}}$$

よって，$x = 2.5$ g

正解 [④]

別解

銅(Ⅱ)イオンの変化に注目すると

$$CuSO_4 \cdot 5H_2O \longrightarrow Cu^{2+} \longrightarrow Cu(OH)_2 \longrightarrow CuO$$

となる。$CuSO_4 \cdot 5H_2O$ にも，CuOにも，Cu^{2+} は1個ずつ含まれているため，$CuSO_4 \cdot 5H_2O$ 1 molがCuO 1 molに変化することがわかる。したがって

$$\frac{x}{250\ \text{g/mol}} = \frac{0.80\ \text{g}}{80\ \text{g/mol}} \qquad \therefore\ x = 2.5\ \text{g}$$

Work Shop

解答は別冊 17 ページ

42 自動車衝突事故時の安全装置であるエアバッグには，固体のアジ化ナトリウム NaN_3 と酸化銅(Ⅱ) CuO から，次の反応によって気体を瞬時に発生させる方式のものがある。

$$2NaN_3 + CuO \longrightarrow 3N_2 + Na_2O + Cu$$

この反応によって 44.8 L (0 ℃，1.013×10^5 Pa)の気体を得るのに必要なアジ化ナトリウムと酸化銅(Ⅱ)の質量の合計は何 g か。最も適当な数値を，次の①～⑤のうちから一つ選べ。ただし，原子量は N=14，O=16，Na=23，Cu=64 とする。

① 53　② 87　③ 97　④ 140　⑤ 210

43 赤熱したコークス(主成分は炭素)に水蒸気 0.50 mol を通じると，水蒸気がなくなって，水素と一酸化炭素が同じ物質量ずつ生じた。この反応で消費された炭素は何 g か。最も適当な数値を，次の①～⑤のうちから一つ選べ。ただし，原子量は C=12 とする。

① 0.50　② 3.0　③ 6.0　④ 9.0　⑤ 12

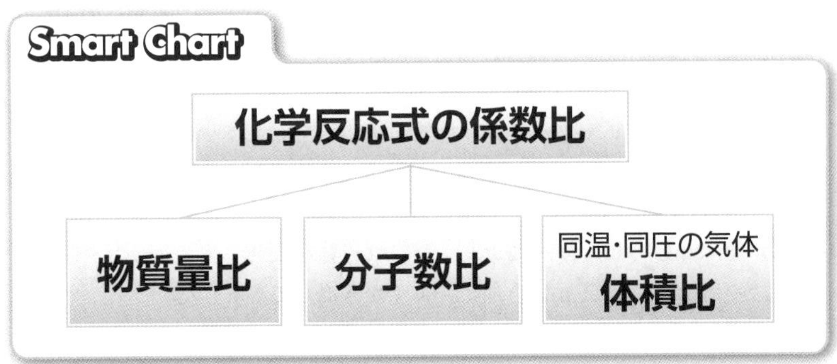

解答は別冊 17 ページ

44 図のように，ステアリン酸($C_{17}H_{35}COOH$，分子量 284)は，水面に分子がすき間なく一層に並んだ膜(単分子膜)を形成する。したがって，ステアリン酸分子1個が占める面積がわかっていれば，単分子膜の面積から分子の数がわかる。このことを利用してアボガドロ定数を求める実験を行った。いま，質量 w〔g〕のステアリン酸が形成する単分子膜の面積は S〔cm^2〕であった。ステアリン酸分子1個が水面上で占める面積を a〔cm^2〕としたとき，アボガドロ定数 N_A〔/mol〕を計算する式として正しいものを，次の①～⑥のうちから一つ選べ。

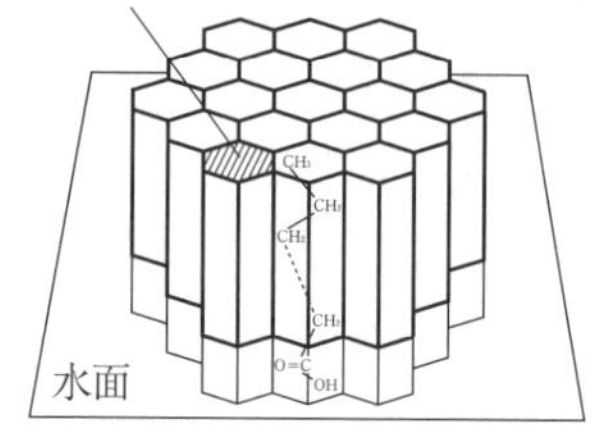

① $\dfrac{284S}{wa}$　② $\dfrac{284a}{wS}$　③ $\dfrac{wS}{284a}$　④ $\dfrac{wa}{284S}$　⑤ $\dfrac{284wS}{a}$　⑥ $\dfrac{284wa}{S}$

45 濃度 0.100 mol/L のシュウ酸標準溶液 250 mL を調製したい。調製法に関する次の問い(**a**・**b**)に答えよ。その答えの組合せとして正しいものを，右の①～⑥のうちから一つ選べ。ただし，原子量は H=1.0，C=12，O=16 とする。

	a	b
①	ア	エ
②	イ	オ
③	ウ	オ
④	ア	カ
⑤	イ	エ
⑥	ウ	カ

a この標準溶液をつくるために必要なシュウ酸二水和物 $(COOH)_2 \cdot 2H_2O$ の質量〔g〕として正しいものを，次の**ア**～**ウ**のうちから一つ選べ。

ア 2.25　**イ** 2.70　**ウ** 3.15

b はかりとったシュウ酸二水和物を水に溶解して標準溶液とする操作として最も適当なものを，次の**エ**～**カ**のうちから一つ選べ。

エ 500 mL のビーカーにシュウ酸二水和物を入れて約 200 mL の水に溶かし，ビーカーの 250 mL の目盛りまで水を加えたあと，よくかき混ぜた。

オ 100 mL のビーカーにシュウ酸二水和物を入れて少量の水に溶かし，この溶液とビーカーの中を洗った液とを 250 mL のメスフラスコに移した。水を標線まで入れ，よく振り混ぜた。

カ 500 mL のビーカーにシュウ酸二水和物を入れ，メスシリンダーではかりとった水 250 mL を加え，よくかき混ぜて溶解した。

発展 **46** ある濃度の硫酸銅(Ⅱ)水溶液 205 g を，60℃から 20℃に冷却したところ，25 g の $CuSO_4 \cdot 5H_2O$（式量 250）の結晶が得られた。もとの水溶液に含まれていた $CuSO_4$（式量 160）の質量は何 g か。最も適当な値を，次の①～⑤のうちから一つ選べ。ただし，$CuSO_4$（無水塩）は，水 100 g 当たり，60℃で 40 g，20℃で 20 g まで溶ける。

① 32　② 46　③ 48　④ 53　⑤ 80

47 硝酸の合成法(オストワルト法)に関する次の問い(**a**・**b**)に答えよ。ただし，原子量は H＝1.0，N＝14，O＝16 とする。

a 白金触媒を使って，1000 mol のアンモニアを空気中の酸素と反応させて一酸化窒素にした。この反応に必要な酸素の物質量は何 mol か。最も適当な数値を，次の①～⑤のうちから一つ選べ。

① 1000　② 1250　③ 1500　④ 1750　⑤ 2000

b 1000 mol のアンモニアを完全に硝酸に変換したとき，得られる質量パーセント濃度 63 % の硝酸の質量は何 kg か。最も適当な数値を，次の①～⑥のうちから一つ選べ。

① 63　② 75　③ 100　④ 126　⑤ 150　⑥ 200

48 硝酸銀 $AgNO_3$ 1.7 g を純水 50 mL に溶かした溶液に 0.50 mol/L 塩酸を加えていくとき，加える塩酸の体積〔mL〕と生じる沈殿の質量〔g〕との関係を表すグラフとして最も適当なものを，次の①～⑥のうちから一つ選べ。ただし，原子量は N＝14，O＝16，Cl＝35.5，Ag＝108 とする。

①
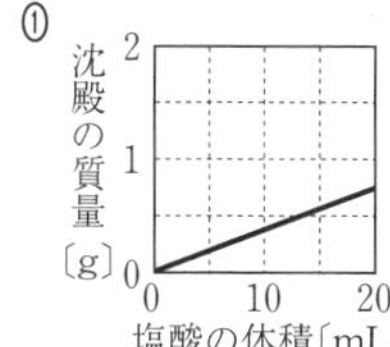

②
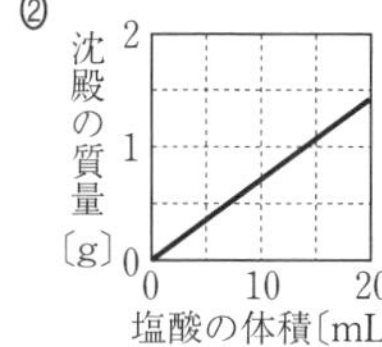

③
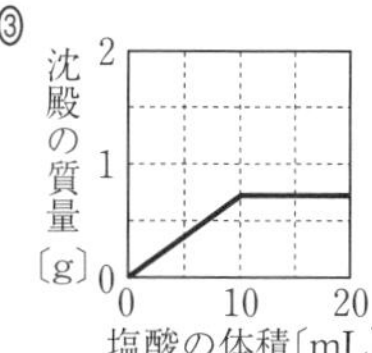

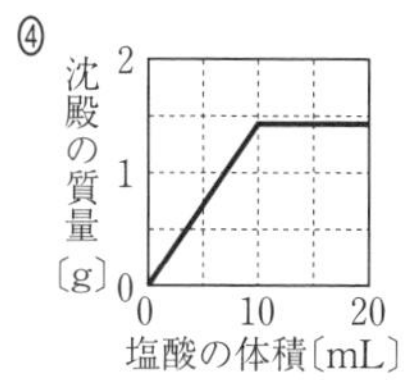

④
沈殿の質量〔g〕 2 1 0
0 10 20
塩酸の体積〔mL〕

⑤
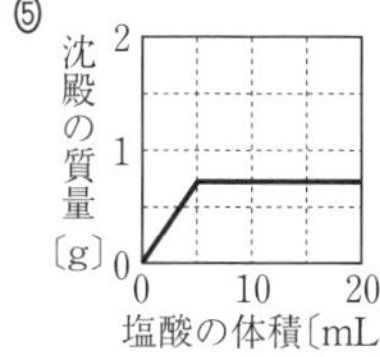

⑥
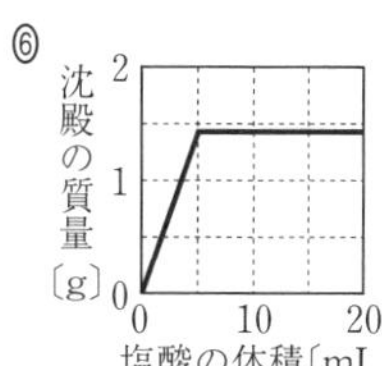

特集 計算問題　処理のコツ　その1

共通テストでは計算問題を避けて通れないが，化学の計算問題は，選択肢から正解を一つ選ぶ出題形式のものが多い。計算問題では，桁数の違い，あるいは最も上の位の数値によって正解を判断できる場合もある。概数計算によって，おおよその数値を把握することは，ケアレスミスの防止にも役立つだろう。

ある自動車が 10 km 走行したとき 1.0 L の燃料を消費した。このとき発生した二酸化炭素の質量は，平均すると 1 km あたり何 g か。最も適当な数値を，次の①～⑥のうちから一つ選べ。ただし，燃料は完全燃焼したものとし，燃料に含まれる炭素の質量の割合は 85 %，燃料の密度は 0.70 g/cm^3 とする。また，原子量は C=12，O=16 とする。

①　16　　②　33　　③　60　　④　220　　⑤　260　　⑥　450

解説

密度 0.70 g/cm^3 の燃料 1.0 L (1000 cm^3)の質量は

$$1000\ \mathrm{cm^3} \times 0.70\ \mathrm{g/cm^3} = 700\ \mathrm{g}$$

このうち，炭素の質量は $700 \times \frac{85}{100}$ g だから，その物質量は C=12 より

$$\frac{700 \times \frac{85}{100}}{12}\ \mathrm{mol}$$

となる。CO_2 1 分子には C 1 原子が含まれるので，燃料中の C 1 原子が CO_2 1 分子に変化する。つまり，C の物質量と発生する CO_2 の物質量は等しい。

走行 1 km あたりの CO_2 の発生量は，CO_2=44 より

$$\frac{700 \times \frac{85}{100}}{12}\ \mathrm{mol} \times \frac{1}{10} \times 44\ \mathrm{g/mol} = 218\ \mathrm{g} \fallingdotseq 220\ \mathrm{g}$$

正解 [④]

計算処理のコツ

この問では，実際には上の式において次の計算をすることになる。

$$7 \times 85 \times \frac{44}{120}$$

ここで $\frac{44}{120}$ をほぼ $\frac{1}{3}$ (少し小さい値)，85 をおよそ 90 (少し大きい値)とみなすと

$$7 \times 90 \times \frac{1}{3} = 210$$

のように，暗算によって概数を求めることも可能である。

選択肢のうち，2桁の数値が与えられている①～③は除いてよい。また，2倍以上大きい⑥も除かれる。十の位まで計算すれば，正解は④となる。

アルコール発酵により，10 kgのグルコース $C_6H_{12}O_6$ から生じるエタノールは何kgか。最も適当な数値を，次の①～⑥のうちから一つ選べ。ただし，この反応では，反応物はグルコースのみとし，生成物はエタノールと二酸化炭素とする。ただし，原子量はH＝1.0，C＝12，O＝16とする。

① 2.4　② 2.6　③ 4.9　④ 5.1　⑤ 7.3　⑥ 7.7

解説

アルコール発酵の化学反応式は

$$C_6H_{12}O_6 \longrightarrow 2C_2H_5OH + 2CO_2$$

10 kgのグルコースの物質量は，$C_6H_{12}O_6 = 180$ より

$$\frac{10\times10^3}{180}\ \text{mol}$$

したがって，生成したエタノールの物質量は，$\frac{10\times10^3}{180}\times2$ mol だから，その質量は，$C_2H_5OH = 46$ より

$$\frac{10\times10^3}{180}\times2\ \text{mol}\times46\ \text{g/mol} = 5.11\times10^3\ \text{g} \fallingdotseq 5.1\ \text{kg}$$

正解［④］

計算処理のコツ

$$\frac{10\times10^3\times\cancel{2}^{1}\times46}{\cancel{180}_{90}} = \frac{10\times10^3\times46}{90}$$

の計算において，46をやや小さい45とみなすと

$$\frac{10\times10^3\times\cancel{45}^{1}}{\cancel{90}_{2}} = 5.0\times10^3$$

と暗算できるので，解答は③か④に絞られる。分子を少し小さく見積もっているので，5.0×10^3 よりやや大きい数値になるはずである。

なお，本問では「10 kgから何kg生じるか。」というように，単位がそろっているので，「10 gから何g生じるか。」と置き換えて考えることもできる。

POINT

4-1 酸と塩基

■酸・塩基の定義と例

		酸(Acid)	塩基(Base)
(古典的意味)		すっぱい	酸を中和する
アレニウスの定義		水に溶けて H^+ (H_3O^+) を生じる物質	水に溶けて OH^- を生じる物質
ブレンステッド・ローリーの定義		相手に水素イオン H^+ を与える物質	相手から水素イオン H^+ を受け取る物質
主な例	1価 2価 3価	HCl, CH_3COOH H_2SO_4, $(COOH)_2$ H_3PO_4	NaOH, NH_3 $Ca(OH)_2$ $Al(OH)_3$

➲ブレンステッド・ローリーの酸・塩基の定義

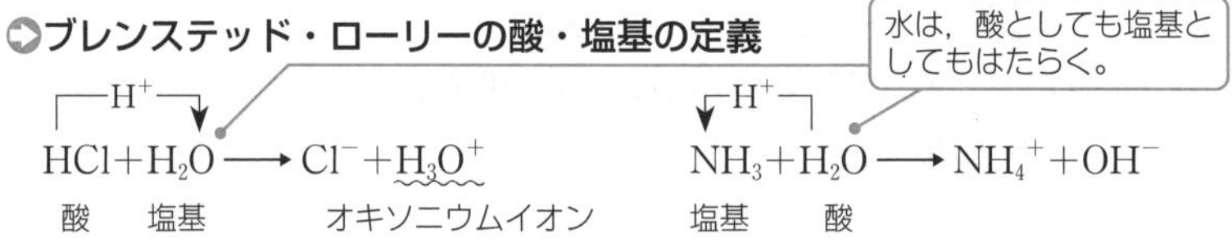

注意　ブレンステッド・ローリーの定義における H^+ は陽子であり H_3O^+ ではない。酸を野球のピッチャー，塩基をキャッチャーにたとえると理解しやすい。

➲価数

酸の価数……酸1分子が相手に与えることができる H^+ の数。

塩基の価数…塩基1分子または組成式あたりが放出できる OH^- の数。

■酸・塩基の強弱

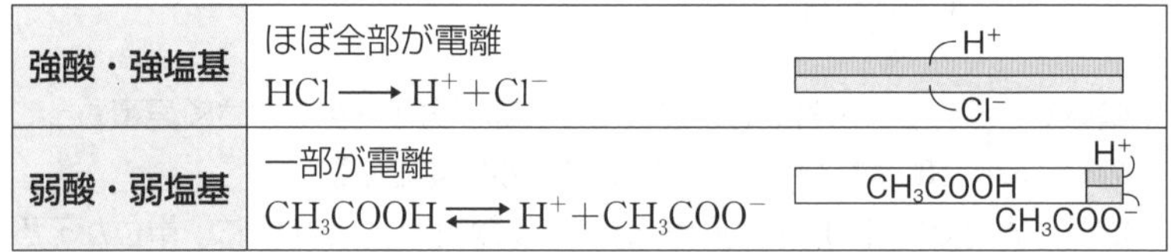

強酸・強塩基	ほぼ全部が電離 $HCl \longrightarrow H^+ + Cl^-$
弱酸・弱塩基	一部が電離 $CH_3COOH \rightleftarrows H^+ + CH_3COO^-$

注意　弱酸や弱塩基の電離を示す $\rightleftarrows$ は，反応がどちらの向きにも進むことを表す。

➲主な強酸，強塩基

次の三つずつを覚える。

強酸 HCl, H_2SO_4, HNO_3　　**強塩基** NaOH, KOH, $Ca(OH)_2$

■電離度

溶液中で，溶かした酸または塩基の物質量を c〔mol〕，そのうち電離した酸または塩基の物質量を n〔mol〕とする。

酸・塩基が電離している割合は，電離度（でんりど）α で判断する。

$$\alpha=\frac{n}{c}\quad(0<\alpha\leqq 1)$$

・電離度が 1 に近い酸を**強酸**，電離度が 1 に近い塩基を**強塩基**という。

電離度 α	1 よりかなり小さい	中間	1 に近い
酸の分類	弱酸	中程度の酸	強酸
例	酢酸 CH_3COOH 炭酸 CO_2+H_2O （H_2CO_3）	リン酸 H_3PO_4 シュウ酸 $(COOH)_2$ （弱酸に分類される）	塩酸 HCl 硝酸 HNO_3 硫酸 H_2SO_4

・電離した酸または塩基の物質量は $n=c\alpha$〔mol〕と表される。c〔mol〕の酢酸を溶かした水溶液 1 L 中で，各粒子のモル濃度は次のようになる。

	CH_3COOH	$\rightleftarrows$	H^+	+	CH_3COO^-	
電離前	c		$-$		$-$	
変化量	$-c\alpha$		$+c\alpha$		$+c\alpha$	
電離後	$c-c\alpha$		$c\alpha$		$c\alpha$	（単位 mol/L）

・電離度は濃度によって変化し，薄めるほど大きくなる。

■酸化物の性質

一般に，非金属元素の酸化物は酸性酸化物，金属元素の酸化物は塩基性酸化物が多い。Al や Zn の酸化物は両性酸化物とよばれる。

酸化物	性質	例
酸性酸化物	塩基と反応し塩（**POINT**4-3 中和反応と塩参照）をつくる。水と反応して酸*になる。	NO_2，SO_3
塩基性酸化物	酸と反応して塩をつくる。水と反応して塩基になる。	Na_2O，CaO
両性酸化物	酸とも塩基とも反応して塩をつくる。	Al_2O_3，ZnO

＊酸性酸化物が水に溶けた酸は分子内に O を含み，**オキソ酸**とよばれる。

赤シートCHECK

☑相手に H^+ を与える物質を酸，H^+ を受け取る物質を塩基という。
☑酸 1 分子が相手に与えることができる H^+ の数を，酸の価数という。
☑濃度によらず，電離度がほぼ 1 の酸を，強酸という。

標準マスター

解法 Pick Up

酸と塩基に関する記述として**誤りを含むもの**を，次の①～⑤のうちから一つ選べ。

① 水に溶かすと電離して水酸化物イオン OH^- を生じる物質は，塩基である。

② 水素イオン H^+ を受け取る物質は酸である。

③ 水は，酸としても塩基としてもはたらく。

④ 0.1 mol/L 酢酸水溶液中の酢酸の電離度は，同じ濃度の塩酸中の塩化水素の電離度より小さい。

⑤ リン酸は 3 価の酸である。

解説

① [○] アレニウスの酸・塩基の定義より，OH^- を生じる物質は塩基である。

② [×] ブレンステッド・ローリーの定義では，H^+ を与える物質が酸である。

③ [○] ブレンステッド・ローリーの定義では，水は相手によって酸にも塩基にもなる。

④ [○] 弱酸である CH_3COOH の電離度は 1 よりかなり小さい。強酸である HCl の電離度はほぼ 1 である。

⑤ [○] リン酸 H_3PO_4 は，H^+ として放出できる H 原子が分子内に 3 個ある。

正解 [②]

解法 Pick Up

強塩基の水溶液と反応して塩をつくる酸化物として適当なものを，次の①～⑤のうちから二つ選べ。ただし，解答の順序は問わない。

① Na_2O　② MgO　③ P_4O_{10}　④ CaO　⑤ ZnO

解説

それぞれの酸化物は，次のように分類される。

酸性酸化物	塩基性酸化物	両性酸化物
③ P_4O_{10}	① Na_2O，② MgO，④ CaO	⑤ ZnO

強塩基の水溶液と反応するのは，酸性酸化物と両性酸化物である。

正解 [③，⑤]

Work Shop

解答は別冊 21 ページ

49 酸に関する記述として正しいものを，次の①～⑤のうちから一つ選べ。

① 酸には必ず酸素原子が含まれている。

② 水に溶けて酸素を生じる物質を酸という。

③ 硫酸とリン酸は，いずれも 2 価の酸である。

④ 濃度が大きいときでも，電離度が 1 に近い酸を強酸という。

⑤ 水分子は，水素イオンを他の物質から受け取るとき，酸としてはたらく。

50 酸性酸化物，塩基性酸化物，両性酸化物の組合せとして最も適当なものを，次の①～⑥のうちから一つ選べ。

	酸性酸化物	塩基性酸化物	両性酸化物
①	CaO	ZnO	Al_2O_3
②	CO_2	Na_2O	P_4O_{10}
③	ZnO	P_4O_{10}	Na_2O
④	P_4O_{10}	CaO	ZnO
⑤	Na_2O	CO_2	Al_2O_3
⑥	Al_2O_3	ZnO	CO_2

51 0.036 mol/L 酢酸水溶液の水素イオンのモル濃度は 1.0×10^{-3} mol/L である。この酢酸水溶液中の酢酸の電離度として最も適当な数値を，次の①～⑤のうちから一つ選べ。

① 1.0×10^{-6}　② 1.0×10^{-3}　③ 2.8×10^{-2}

④ 3.6×10^{-2}　⑤ 3.6×10^{-1}

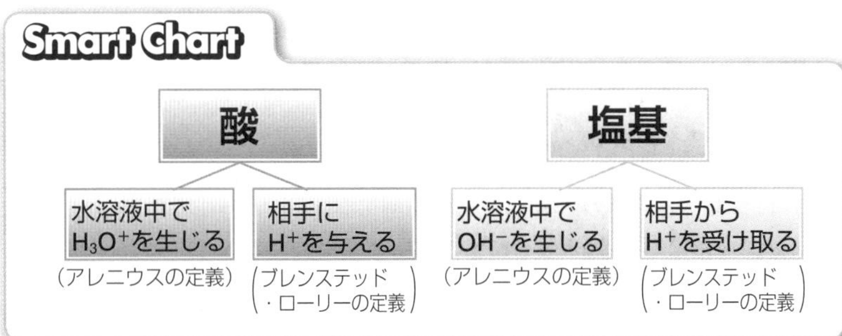

POINT

4-2 水素イオン指数pH

■水の電離

水には電導性はほとんどないが，わずかに電離している。

$$H_2O \rightleftarrows H^+ + OH^-$$

このとき，H^+：OH^-＝1：1の物質量比で生成するため，**水素イオン濃度**$[H^+]$と，**水酸化物イオン濃度**$[OH^-]$は等しく，25℃ではそれぞれ1.0×10^{-7} mol/Lであることが知られている。酸または塩基の水溶液中では下の図のように変化する。

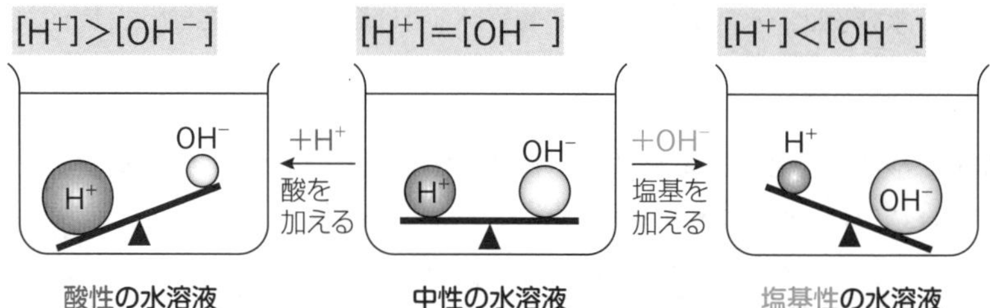

※H^+とOH^-の円の大小は，それぞれの濃度の大小を表している。

温度が一定なら，$[H^+]$と$[OH^-]$の積は一定であることが知られている。

$$[H^+][OH^-]=1.0\times10^{-14}\ mol^2/L^2\ (25℃)$$

この関係は水，酸，塩基，あるいは塩の水溶液中でも成立する。

■水素イオン指数pH

酸性・塩基性の強弱は水素イオン濃度$[H^+]$の大小で判別できる。しかし，$[H^+]$は値が小さく，広範囲に変化するので扱いにくいため，指数部分を取り出した**水素イオン指数pH**（ピーエイチ）を定義する。

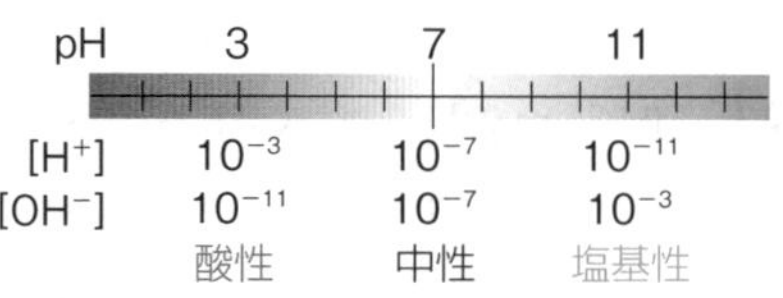

$$[H^+]=1.0\times10^{-n}\ mol/L のとき，pH=n$$

Column ≫ pHの計算

数学的には，常用対数により$pH=-\log_{10}[H^+]$と定義される。この式を使ってpHを求めるときは，次の関係を使いこなせるようにしておきたい。

$$10^n=A \quad \Leftrightarrow \quad n=\log_{10}A \quad (A>0)$$

$$\log_{10}1=0,\ \log_{10}10=1,\ \log_{10}AB=\log_{10}A+\log_{10}B,\ \log_{10}A^n=n\log_{10}A$$

例 $\log_{10}2=0.3$とすると，$[H^+]=2.0\times10^{-3}$ mol/Lの溶液のpHは

$$pH=-\log_{10}(2.0\times10^{-3})=-\log_{10}2-\log_{10}10^{-3}=3-\log_{10}2=2.7$$

➡希釈による酸性水溶液の pH の変化

≪酸の水溶液を水で 100 倍に希釈する場合≫

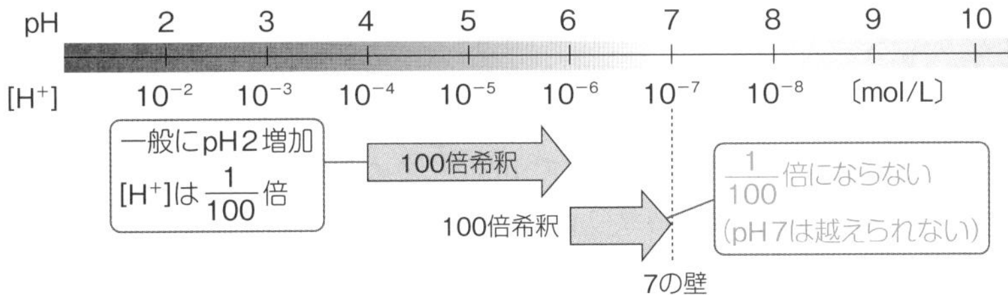

Say! 希釈では 越すに越されぬ 7 の壁

pH＝6 の水溶液を水で薄めると，水の電離を無視できなくなるので，pH＝8 にはならずに 7 に近づいていく。

➡希釈による塩基性水溶液の pH の変化

≪塩基の水溶液を水で 100 倍に希釈する場合≫

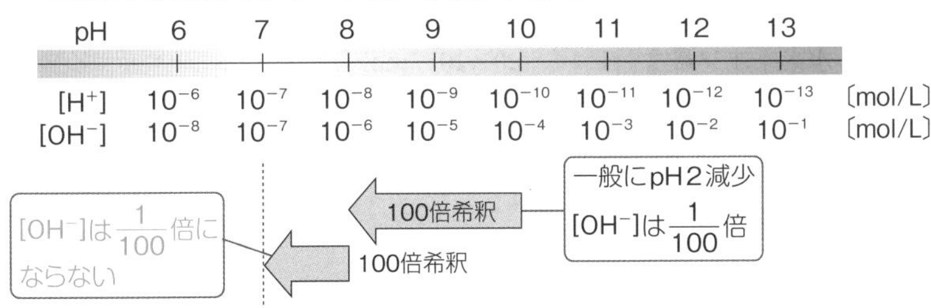

酸の場合と同様に，pH＝8 の塩基水溶液を水で 100 倍に薄めても，pH＝6 (酸性)にはならず，pH＝7 に近づいていく。

■酸・塩基指示薬

pH によって色が変わる化合物。色調が変化する pH 範囲を**変色域**(へんしょくいき)という。

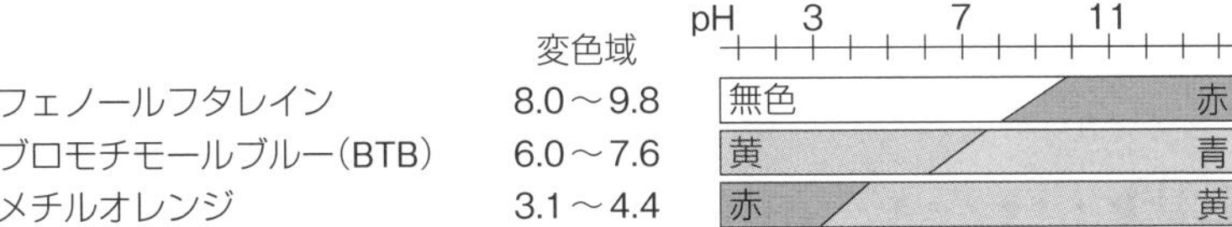

	変色域	pH 3 7 11
フェノールフタレイン	8.0 ～ 9.8	無色 → 赤
ブロモチモールブルー(BTB)	6.0 ～ 7.6	黄 → 青
メチルオレンジ	3.1 ～ 4.4	赤 → 黄

赤シートCHECK

☑ 25℃ の純水では，$[H^+]=\underline{1.0\times10^{-7}}$〔mol/L〕であり，pH＝<u>7</u> である。

☑ pH＝3 の水溶液中では，$[H^+]$ が $[OH^-]$ より<u>大き</u>く，水溶液は<u>酸</u>性である。

☑ pH＝5 の水溶液を水で 1000 倍に薄めると，pH は <u>7</u> に近づいていく。

標準マスター

解法 Pick Up

水溶液の pH に関する記述として正しいものを，次の①～⑤のうちから一つ選べ。

① 1.0×10^{-3} mol/L の硫酸中の水素イオン濃度は 1.0×10^{-3} mol/L である。
② 1.0×10^{-4} mol/L の塩酸を水で 10^{4} 倍に薄めると，pH は 8 になる。
③ 0.1 mol/L の酢酸水溶液の pH は 1 である。
④ pH＝2 の塩酸を，水で 10 倍にうすめた水溶液の pH は 3 である。
⑤ pH＝11 の水酸化ナトリウム水溶液を，水で 10 倍にうすめた水溶液の pH は 12 である。

解説

①［×］硫酸は 2 価の強酸である。$[H^+]=2\times1.0\times10^{-3}$ mol/L$=2.0\times10^{-3}$ mol/L
②［×］希釈しても pH は 7 を越えない。7 に近づいていく。
③［×］酢酸は弱酸であり電離度が小さいので，pH は 1 にはならない。
④［○］水素イオン濃度 $[H^+]$ が 1.0×10^{-2} mol/L から 1.0×10^{-3} mol/L になる。よって pH＝3 である。
⑤［×］強塩基の水溶液を 10 倍に薄めると，pH は 1 だけ小さくなり 7 に近づく。したがって，pH＝10 になる。

正解［④］

解法 Pick Up

ある 1 価の弱酸の 0.1 mol/L 水溶液における電離度は 2.0×10^{-2} である。この水溶液の pH はどの範囲にあるか。最も適当なものを，次の①～⑧のうちから一つ選べ。

① pH＜1	② 1≦pH＜2	③ 2≦pH＜3	④ 3≦pH＜4
⑤ 4≦pH＜5	⑥ 5≦pH＜6	⑦ 6≦pH＜7	⑧ 7≦pH

$[H^+]=ca=0.1$ mol/L$\times2.0\times10^{-2}=2.0\times10^{-3}$ mol/L である。$1.0\times10^{-3}<2.0\times10^{-3}<1.0\times10^{-2}$ であるから，pH は 3 未満，かつ 2 より大きい。

正解［③］

Work Shop

解答は別冊 21 ページ

52 水溶液の pH に関する次の記述①～⑤のうちから，正しいものを一つ選べ。

① 0.010 mol/L の硫酸の pH は，同じ濃度の硝酸の pH より大きい。
② 0.10 mol/L の酢酸の pH は，同じ濃度の塩酸の pH より小さい。
③ pH＝3 の塩酸を 10^5 倍にうすめると，溶液の pH は 8 になる。
④ 0.1 mol/L のアンモニア水の pH は，同じ濃度の水酸化ナトリウム水溶液の pH より小さい。
⑤ pH＝12 の水酸化ナトリウム水溶液を 10 倍にうすめると，溶液の pH は 13 になる。

53 pH＝1.0 の塩酸 10 mL に水を加えて pH＝3.0 にした。この pH＝3.0 の水溶液の体積は何 mL か。最も適当な数値を，次の①～⑥のうちから一つ選べ。

① 30　② 100　③ 500
④ 1000　⑤ 5000　⑥ 10000

Column ≫ 酸性雨

石油や石炭を燃やしたときに排出される煙の中には，酸性酸化物である窒素酸化物(NO_x)や硫黄酸化物(SO_x)が含まれる。これらの酸化物は大気中で化学変化し，オキソ酸である硝酸 HNO_3 や硫酸 H_2SO_4 などになる。

それらが雨水に溶け込むと，その pH は 5.6 (ふつうの雨水は大気中の CO_2 が溶けているので pH＝5.6 を示す)より小さくなる。このように，大気中に排出された窒素酸化物や硫黄酸化物は，酸性雨の原因となる。

Smart Chart

酸性度の表し方

- **水素イオン濃度 $[H^+]$**　中性で $[H^+]=1.0\times10^{-7}$ mol/L
- **水素イオン指数 pH**　中性で pH＝7

POINT

4-3 中和反応と塩

■中和

酸と塩基が反応して，互いの性質をうち消し合う変化を**中和**という。酸の H^+ と塩基の OH^- から水が生成*し，同時に**塩**(えん)ができる。

$$HCl + NaOH \longrightarrow NaCl + H_2O$$

酸　　塩基　　　　塩

＊水が生成しない場合もある。例　$HCl + NH_3 \longrightarrow NH_4Cl$

■塩の分類

酸と塩基が中和すると，塩ができる。塩は，酸の H^+ を塩基の陽イオンで置き換えた形をしている。組成により正塩，酸性塩，塩基性塩に分類される。

塩の分類	塩の組成	例(かっこ内は液性)
正塩	酸の H も塩基の OH も残っていない塩	$NaCl$　(中性) Na_2SO_4　(中性) CH_3COONa　(塩基性)
酸性塩	酸の H が残っている塩	$NaHCO_3$　(塩基性) $NaHSO_4$　(酸性)
塩基性塩	塩基の OH が残っている塩	$MgCl(OH)$　(酸性)

これらの分類上の名前は，塩の水溶液の性質(液性)とは無関係である。

■塩の水溶液の性質

塩の水溶液の性質を以下にまとめる。

酸・塩基の組合せ	例	酸	塩基	液性
強酸 ＋ 強塩基	$NaCl$	強　HCl	強　$NaOH$	中性
弱酸 ＋ 強塩基	CH_3COONa	弱　CH_3COOH	強　$NaOH$	塩基性
強酸 ＋ 弱塩基	NH_4Cl	強　HCl	弱　NH_3	酸性

強いほうの性質が現れる

発展 加水分解

弱酸＋強塩基の塩や**強酸＋弱塩基の塩**の水溶液が中性にならないのは，塩が加水分解するからである。

(a)　弱酸 ＋ 強塩基の塩；塩基性を示す。

例　酢酸ナトリウム水溶液

CH_3COONa は水に溶け，完全に電離する。

$$CH_3COONa \longrightarrow CH_3COO^- + Na^+$$

酢酸は弱酸なので，CH_3COO^- の一部が水と反応する。

$$CH_3COO^- + H_2O \rightleftarrows CH_3COOH + OH^-$$

塩の加水分解の結果，OH^- を生じるので水溶液は塩基性になる。

(b) 強酸＋弱塩基の塩；酸性を示す。

例 塩化アンモニウムの水溶液

$$NH_4^+ + H_2O \rightleftarrows NH_3 + H_3O^+$$

NH_4^+ の一部が水と反応して H_3O^+ を生じ，水溶液は酸性を示す。

➡ $NaHCO_3$ の水溶液は塩基性，$NaHSO_4$ の水溶液は酸性

$NaHCO_3$ も $NaHSO_4$ も，分類上は酸性塩である。$NaHCO_3$ は弱酸と強塩基からできた塩だから，水溶液は加水分解して塩基性を示す。

一方，硫酸水素ナトリウム $NaHSO_4$ は強酸と強塩基からできた塩だから，加水分解しない。しかし，電離できる H をもつので水溶液は酸性を示す。

$$HSO_4^- \longrightarrow H^+ + SO_4^{2-}$$

酸性塩の水溶液が，必ずしも酸性とは限らない。

■塩の反応

Say! 弱いもの 揮発性のものは 出て行け

弱酸の塩に強酸を加えると，強酸の塩が生成し，弱酸が遊離する。弱塩基の塩や揮発性酸の塩も同様の反応をする。

組合せ	例	遊離する物質
弱酸の塩＋強酸	$CaCO_3 + 2HCl \longrightarrow CaCl_2 + H_2O + CO_2\uparrow$	弱酸
弱塩基の塩＋強塩基	$2NH_4Cl + Ca(OH)_2 \longrightarrow CaCl_2 + 2H_2O + 2NH_3\uparrow$	弱塩基
揮発性の酸の塩＋不揮発性の酸	$NaCl + H_2SO_4 \longrightarrow NaHSO_4 + HCl\uparrow$	揮発性の酸（HF，HCl など）

赤シートCHECK

☑酸の H も塩基の OH も残っていない塩を正塩という。

☑ $NaHCO_3$ の水溶液は塩基性，$NaHSO_4$ の水溶液は酸性を示す。

☑弱酸の塩に強酸を加えると，弱酸が遊離する。

標準マスター

解法 Pick Up

塩の水溶液の性質に関する記述として正しいものを，次の①～⑥のうちから一つ選べ。

① 硫酸水素ナトリウム水溶液は酸性である。
② 炭酸水素ナトリウム水溶液は酸性である。
③ 酢酸ナトリウム水溶液は中性である。
④ 炭酸ナトリウム水溶液は中性である。
⑤ 塩化カルシウム水溶液は塩基性である。
⑥ 塩化アンモニウム水溶液は塩基性である。

それぞれの塩をつくる酸と塩基の強弱，および塩の水溶液の性質(液性)は，表のとおりである。

	酸	塩基	水溶液の性質	正誤
① $NaHSO_4$	強　H_2SO_4	強　NaOH	酸性＊1	○
② $NaHCO_3$	弱　H_2O+CO_2＊2	強　NaOH	塩基性	×
③ CH_3COONa	弱　CH_3COOH	強　NaOH	塩基性	×
④ Na_2CO_3	弱　H_2O+CO_2＊2	強　NaOH	塩基性	×
⑤ $CaCl_2$	強　HCl	強　$Ca(OH)_2$	中性	×
⑥ NH_4Cl	強　HCl	弱　NH_3	酸性	×

＊1　硫酸水素イオンは，電離して H^+ を放出するので酸性を示す。

$$HSO_4^- \longrightarrow H^+ + SO_4^{2-}$$

＊2　炭酸は，二酸化炭素が水に溶けたときに生じる酸で，その化学式は H_2CO_3 と書いてもよい。ただし，これを単離することはできない。

正解　[①]

Work Shop

解答は別冊 22 ページ

54 次の水溶液 **A** ～ **C** について，pH の値の大きい順に並べたものとして正しいものを，下の①～⑥のうちから一つ選べ。

A　0.01 mol/L 酢酸ナトリウム水溶液

B　0.01 mol/L 塩化アンモニウム水溶液

C　0.01 mol/L 硫酸ナトリウム水溶液

①　**A**＞**B**＞**C**　　②　**A**＞**C**＞**B**　　③　**B**＞**A**＞**C**

④　**B**＞**C**＞**A**　　⑤　**C**＞**A**＞**B**　　⑥　**C**＞**B**＞**A**

55 酸，塩基，および塩の水溶液の性質に関する次の問い(**a**・**b**)に答えよ。

a　ある塩の水溶液を青色リトマス紙に１滴たらすと，リトマス紙は赤色に変色した。この塩として最も適当なものを，次の①～⑤のうちから一つ選べ。

①　$CaCl_2$　　②　Na_2SO_4　　③　Na_2CO_3

④　NH_4Cl　　⑤　KNO_3

b　次の文章中の空欄(ア ～ ウ)に当てはまる語，化合物，およびイオンの組合せとして最も適当なものを，下の①～④のうちから一つ選べ。

　 ア 色リトマス紙の中央に イ の水溶液を１滴たらしたところリトマス紙は変色した。図のように，このリトマス紙をろ紙の上に置き，電極に直流電圧をかけた。変色した部分はしだいに左側にひろがった。この変化から， ウ が左側に移動したことがわかる。

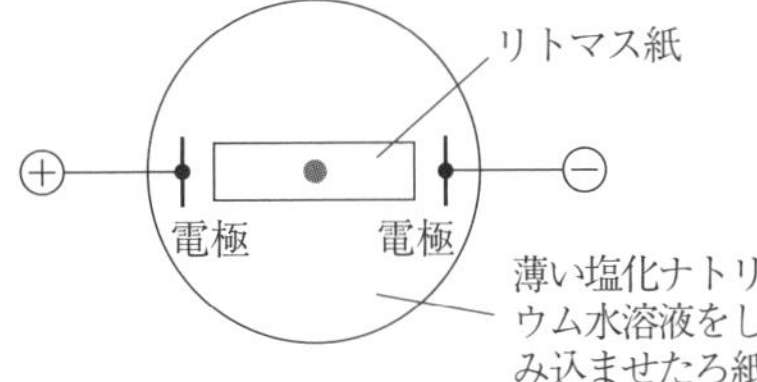

	ア	イ	ウ
①	青	NaOH	OH^-
②	青	HCl	H^+
③	赤	NaOH	OH^-
④	赤	HCl	H^+

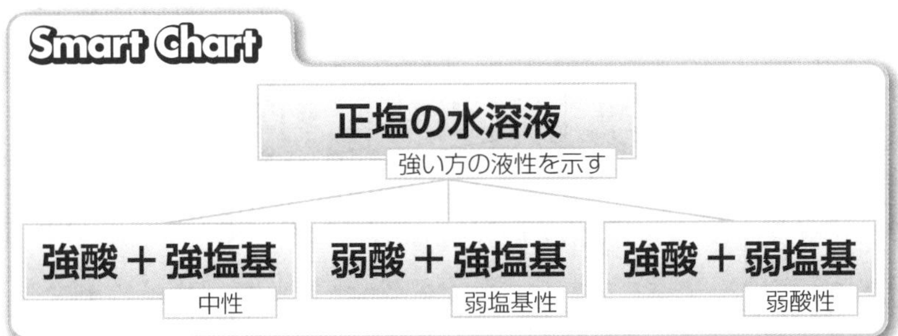

POINT

4-4 中和反応の量的関係

■中和反応の量的関係

酸は H^+ を相手に与え，塩基は相手から H^+ を受け取る。酸と塩基が過不足なく中和反応したとき，次の関係が成り立つ。

（酸の出す H^+ の物質量）＝（塩基の受け取る H^+ の物質量）
＝（塩基の出す OH^- の物質量）

たとえば，2 価の酸である H_2SO_4 1 mol の出す H^+ の物質量は，2×1 mol。すなわち，上式の「酸の出す H^+ の物質量」は

（価数）×（物質量）〔mol〕

で求められる。塩基の出す OH^- の物質量も同様である。よって，量的関係は

酸と塩基は，等しい（価数）×（物質量）〔mol〕で中和する

といえる。

酸と塩基	酸の（価数）×（物質量）	塩基の（価数）×（物質量）	中和の量的関係
H_2SO_4 1 mol と NaOH 2 mol	2×1 mol	1×2 mol	2×1 mol ＝1×2 mol
a 価，c〔mol/L〕，v〔mL〕の酸と a' 価，c'〔mol/L〕，v'〔mL〕の塩基	$a\times\frac{cv}{1000}$〔mol〕	$a'\times\frac{c'v'}{1000}$〔mol〕	$\frac{acv}{1000}=\frac{a'c'v'}{1000}$

中和の量的関係に，酸・塩基の強弱は影響しない

弱酸や弱塩基は，水溶液中では一部しか電離していないが，中和反応の進行にともなって電離が進むので，最終的には全量が中和反応する。

■中和滴定の操作とガラス器具

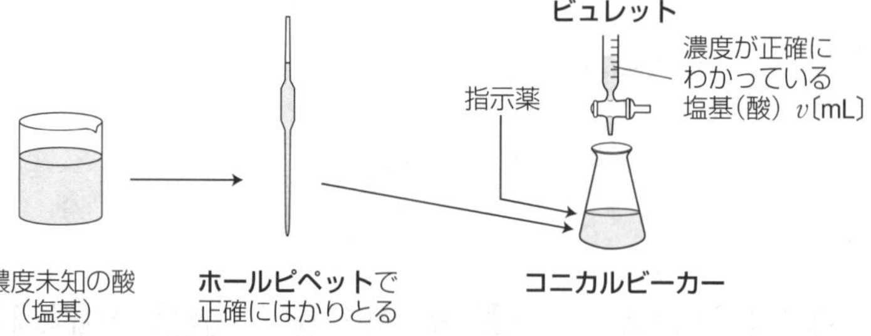

溶液の希釈には**メスフラスコ**，はかりとりには**ホールピペット**を使う。**ビ**

ュレット(目盛りの上部がゼロ)から濃度が正確にわかっている**標準溶液**を少しずつ滴下し，中和反応が完了するまでに要した標準溶液の体積を測定する。

➲指示薬の選択

中和点付近で pH は急激に変わる。この部分に変色域が含まれる指示薬(**POINT** 4-2 参照)を用いる。中和点の pH は 7（中性)とは限らない。

➲共洗い

ホールピペットとビュレットは，水で濡れたまま使用すると，原液がうすまって濃度が小さくなってしまう。そのため，原液で数回洗ってから使用する。この操作を**共洗い**(ともあらい)という。メスフラスコやコニカルビーカー(または三角フラスコ)は，水で濡れたまま使用してよい。

■逆滴定

気体のアンモニア NH_3 や二酸化炭素 CO_2 の量は，過剰の酸(塩基)に吸収させたあと，残った酸(塩基)を中和滴定して求めることができる。

例　アンモニアの逆滴定

Step 1　過剰の希硫酸にアンモニアを完全に吸収させる。
…$(NH_4)_2SO_4$ が生成する。残った希硫酸のために酸性。

Step 2　未反応の希硫酸を，NaOH 水溶液で中和滴定する。
…中和点は弱酸性を示すため，指示薬はメチルオレンジ。

Step 3　(H_2SO_4 から生じる H^+)＝(NH_3 が受け取る H^+)＋(NaOH が受け取る H^+)
…酸と塩基は，等しい(価数)×(物質量)で中和する。

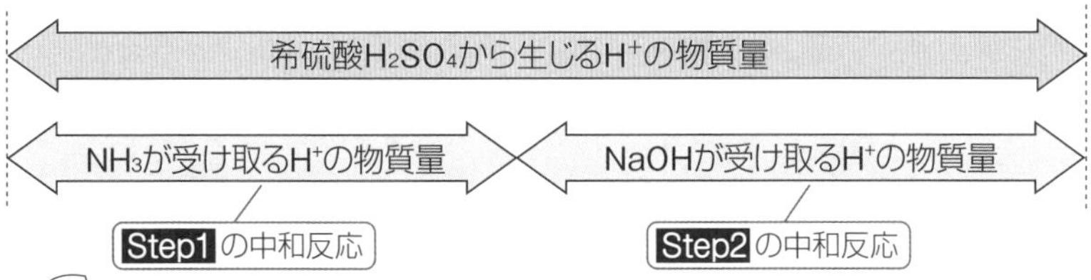

希硫酸H_2SO_4から生じるH^+の物質量

NH_3が受け取るH^+の物質量 ｜ NaOHが受け取るH^+の物質量

Step1 の中和反応 ｜ **Step2** の中和反応

赤シートCHECK

- ☑酸と塩基が過不足なく反応するとき，酸が出す **H^+ の物質量**と，塩基の出す **OH^- の物質量**が等しい。
- ☑**ホールピペット**や**ビュレット**は，共洗いしてから使用する。
- ☑気体のアンモニアを定量する場合，まず過剰の酸に吸収させ，次に残った酸を別の塩基で中和滴定する。この方法を**逆滴定**という。

標準マスター

解法 Pick Up

食酢 20.0 mL を正確に 5 倍にうすめた。この水溶液 10.0 mL をコニカルビーカーにとり，指示薬を加えて，ビュレットに入れた 0.100 mol/L の水酸化ナトリウム水溶液で滴定した。滴定を開始したときのビュレットの目盛りの読みは 0.00 mL であった。中和が完了したとき，ビュレットの液面の高さは図のようであった。

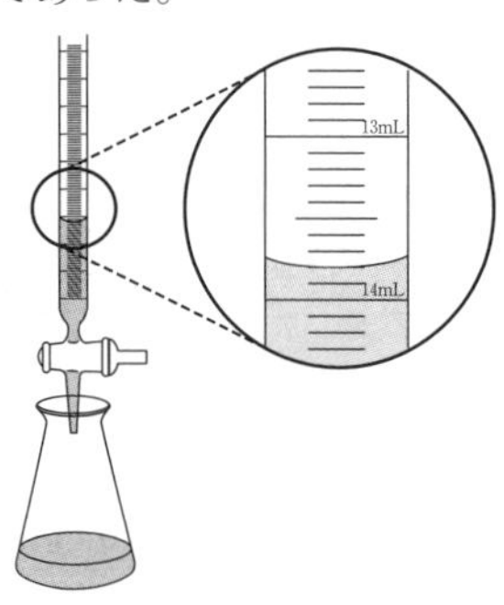

食酢中の酸はすべて酢酸であるとすると，もとの食酢中の酢酸のモル濃度は何 mol/L か。最も適当な数値を，次の①～⑧のうちから一つ選べ。

① 0.136　② 0.138　③ 0.142　④ 0.144
⑤ 0.680　⑥ 0.690　⑦ 0.710　⑧ 0.720

解説

Say! 酸・塩基　等しい(価数)×(モル)で　中和する

図より，滴下した NaOH 水溶液の体積は 13.80 mL である(ビュレットの目盛りは最上部が 0 mL)。食酢中の酢酸のモル濃度を c〔mol/L〕とすると，5 倍希釈した水溶液のモル濃度は $\frac{c}{5}$〔mol/L〕である。中和の量的関係より

$$\underbrace{1}_{\text{酸の価数}} \times \underbrace{\frac{c}{5} \times \frac{10.0}{1000}\text{〔mol〕}}_{\text{酸の物質量}} = \underbrace{1}_{\text{塩基の価数}} \times \underbrace{\frac{0.100 \times 13.80}{1000}\text{ mol}}_{\text{塩基の物質量}}$$

$\therefore\ c = 0.690$ mol/L

正解〔⑥〕

解法 Pick Up

濃度不明の水酸化バリウム水溶液の濃度を求めるため，濃度のわかっている酸の水溶液をビュレットに入れて中和滴定を行った。この滴定の実験操作に関する記述として**適当でないもの**を，次の①～⑤のうちから一つ選べ。

① ホールピペットの内部が蒸留水でぬれているときは，はかりとる溶液で内部を洗ってから使用する。

② 水酸化バリウム水溶液を正確にはかりとるのに，駒込(こまごめ)ピペットを用いてはいけない。

③ 正確な濃度の酸の水溶液を調製するには，メスシリンダーを用いる。

④ 水酸化バリウム水溶液を入れるコニカルビーカーは，蒸留水でぬれたまま使用してもよい。

⑤ 滴下量は，滴下前後のビュレットの目盛りの読みの差から求める。

解説

① [○] 原液ですすぐ操作(共洗い)を数回行う。

② [○] 水溶液を正確にはかりとるには，ホールピペットを用いる。

③ [×] メスシリンダーではなく，メスフラスコを用いる。

④ [○] コニカルビーカーは，ぬれたまま使用してよい。

⑤ [○] ビュレットには正確な目盛りがきざまれているので，これを読む。

正解 [③]

Work Shop

解答は別冊 23 ページ

56 試料水溶液を正確に 10 倍に薄めるため，10 mL のホールピペットと 100 mL のメスフラスコを用いて，次の操作①～⑤を順に行うこととした。これらの操作のうち**誤りを含むもの**を一つ選べ。

① メスフラスコ内部を純水で洗浄したのち，試料水溶液で洗って用いる。

② ホールピペット内部を純水で洗浄したのち，試料水溶液で洗って用いる。

③ ホールピペットの標線に液面の底が合うように試料水溶液をとり，メスフラスコに移す。

④ メスフラスコの標線に液面の底が合うように純水を加える。

⑤ メスフラスコに栓をして，均一になるようによく混ぜる。

解法 Pick Up

ある量の気体のアンモニアを入れた容器に 0.30 mol/L の硫酸 40 mL を加え，よく振ってアンモニアをすべて吸収させた。反応せずに残った硫酸を 0.20 mol/L の水酸化ナトリウム水溶液で中和滴定したところ，20 mL を要した。はじめのアンモニアの体積は，0°C，1.013×10^5 Pa（標準状態）で何 L か。最も適当な数値を，次の①～⑤のうちから一つ選べ。

① 0.090　② 0.18　③ 0.22　④ 0.36　⑤ 0.45

逆滴定でも

（酸の出す H^+ の物質量）＝（塩基の受け取る H^+ の物質量）

＝（塩基の出す OH^- の物質量）

を用いる点は，普通の中和滴定と同じである。

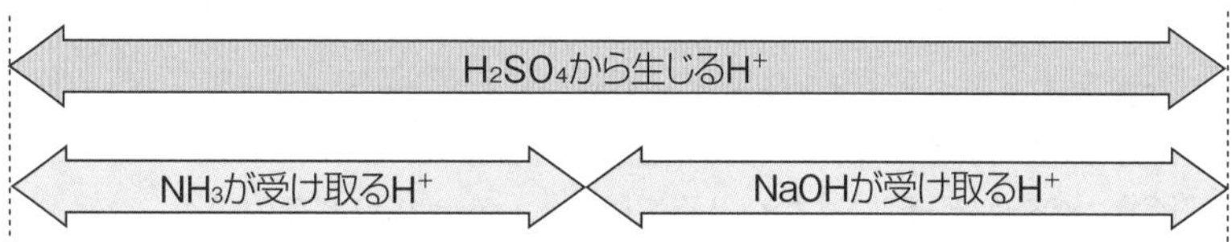

はじめのアンモニア NH_3 の物質量を n〔mol〕とする。硫酸 H_2SO_4 と水酸化ナトリウム NaOH の物質量，逆滴定の関係式は次のようになる。

Step 1 硫酸 H_2SO_4（過剰）の物質量　$\frac{0.30\times40}{1000}$ mol

Step 2 水酸化ナトリウム NaOH の物質量　$\frac{0.20\times20}{1000}$ mol

Step 3 逆滴定の関係式　$\underbrace{2}_{\text{価数}}\times\underbrace{\frac{0.30\times40}{1000}\text{ mol}}_{\text{物質量}}=\underbrace{1}_{\text{価数}}\times\underbrace{n}_{\text{物質量}}+\underbrace{1}_{\text{価数}}\times\underbrace{\frac{0.20\times20}{1000}\text{ mol}}_{\text{物質量}}$

これより

$n=0.020$ mol

はじめのアンモニア（気体）の，0°C，1.013×10^5 Pa での体積は，モル体積 22.4 L/mol より

$0.020\text{ mol}\times22.4\text{ L/mol}=0.448\text{ L}\fallingdotseq0.45\text{ L}$

正解［⑤］

Work Shop

解答は別冊 23 ページ

57 水酸化バリウム 17.1 g を純水に溶かし，1.00 L の水溶液とした。この水溶液を用いて，濃度未知の酢酸水溶液 10.0 mL の中和滴定を行ったところ，過不足なく中和するのに 15.0 mL を要した。この酢酸水溶液の濃度は何 mol/L か。最も適当な数値を，次の①～⑥のうちから一つ選べ。ただし，原子量は，H＝1.0，O＝16，Ba＝137 とする。

① 0.0300　② 0.0750　③ 0.150

④ 0.167　⑤ 0.300　⑥ 0.333

58 次の水溶液 **a**・**b** を用いて中和滴定の実験を行った。**a** を過不足なく中和するのに **b** は何 mL 必要か。最も適当な数値を，下の①～⑥のうちから一つ選べ。

a　0.20 mol/L 塩酸 10 mL に 0.12 mol/L 水酸化ナトリウム水溶液 20 mL を加えた水溶液

b　0.40 mol/L 硫酸 10 mL を水で薄めて 1.0 L とした水溶液

① 5.0　② 10　③ 25

④ 50　⑤ 100　⑥ 200

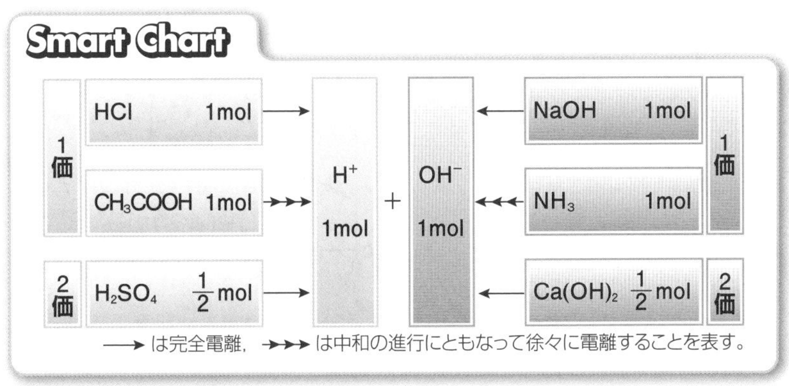

POINT

4-5 滴定曲線

■滴定曲線

中和滴定において，滴下した溶液の体積と混合溶液の pH の関係を示した曲線を，**滴定曲線**という。

同濃度の強酸(HCl；——)と弱酸(CH_3COOH；----)に，NaOH 水溶液を滴下したときの pH の変化を，右の図に示す。酸と塩基が過不足なく中和する**中和点**付近では，pH が大きく変化している。

また，中和に要した NaOH の滴下量は，酸の強弱には影響されない。

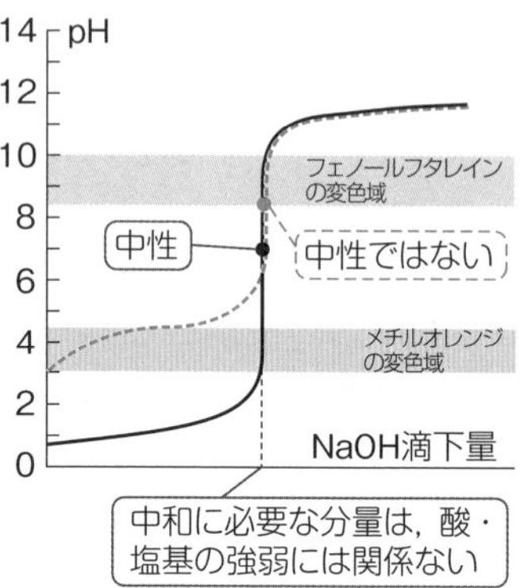

0.1mol/L の酸 10mL を 0.1mol/L の塩基で滴定した場合

(1)強酸・強塩基型

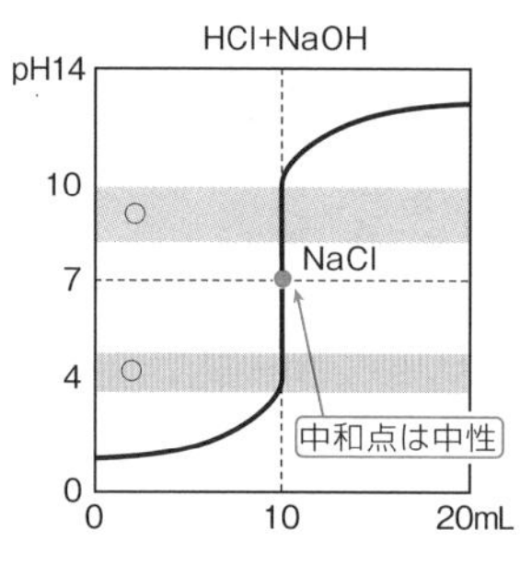

(2)弱酸・強塩基型

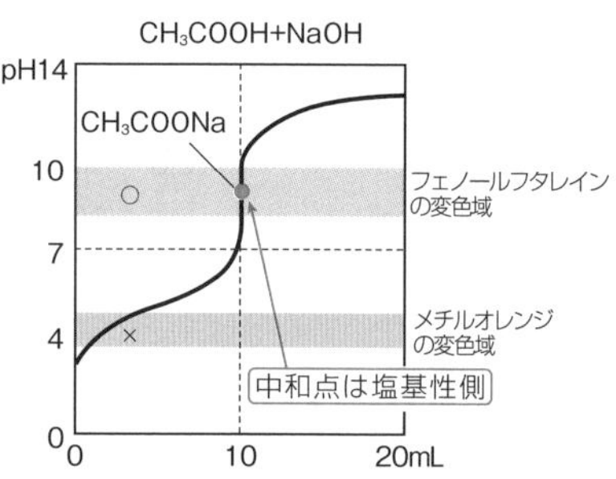

(3)強酸・弱塩基型

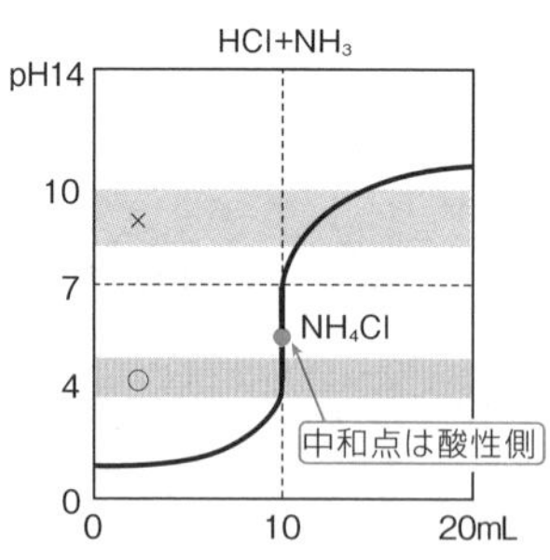

(4)弱酸・弱塩基型

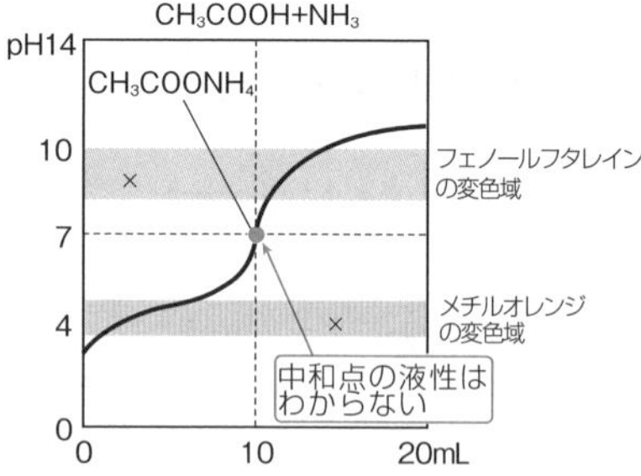

■指示薬の選択

酢酸を水酸化ナトリウム水溶液で中和滴定するとき，中和点の pH は約 8 ～ 9 になる。これは酢酸ナトリウムが加水分解(**POINT** 4-3 中和反応と塩参照)するためである。つまり，中和点が中性になるとは限らない。この場合，指示薬としてメチルオレンジは不適当で，変色域が塩基性側にあるフェノールフタレインを選択する。

➲指示薬の変色域と色

中和滴定に用いる指示薬のうち，フェノールフタレインとメチルオレンジは頻出である。変色域が酸性側か塩基性側か，および変色前後の色については，正確に把握しておきたい。

リトマスは変色域が広いので，中和滴定の指示薬には用いない。

リトマス試験紙の色変化；酸性(青→赤)，塩基性(赤→青)，
中性(変化なし)

Column ≫ 指示薬

指示薬の変色域を，酸性側・塩基性側と記憶するのはキツイ。pH まで覚える必要はないのだが，「晴れもしくは PP，MO を指示薬に採用よ」などと語呂合わせで記憶しておくと使える。

指示薬の色は，メチルオレンジ(MO)の酸性側と，フェノールフタレイン(PP)の塩基性側，すなわち変色域のある側の端が「赤」と覚える。

赤シート CHECK

☑酸と塩基が過不足なく中和する点を**中和点**という。

☑弱酸を強塩基で中和滴定するとき，**塩基**性側に変色域のある指示薬を用いる。

☑フェノールフタレインは**塩基**性側に変色域をもち，酸性側で**無**色，塩基性側で**赤**色を呈する。

☑メチルオレンジは **酸** 性側に変色域をもち，酸性側で**赤**色，塩基性側で**黄**色を呈する。

標準マスター

解法 Pick Up

1価の塩基Aの0.10 mol/L水溶液10 mLに，酸Bの0.20 mol/L水溶液を滴下し，pHメーター(pH計)を用いてpHの変化を測定した。Bの水溶液の滴下量と，測定されたpHの関係を図に示す。この実験に関する記述として**誤りを含むもの**を，次の①～④のうちから一つ選べ。

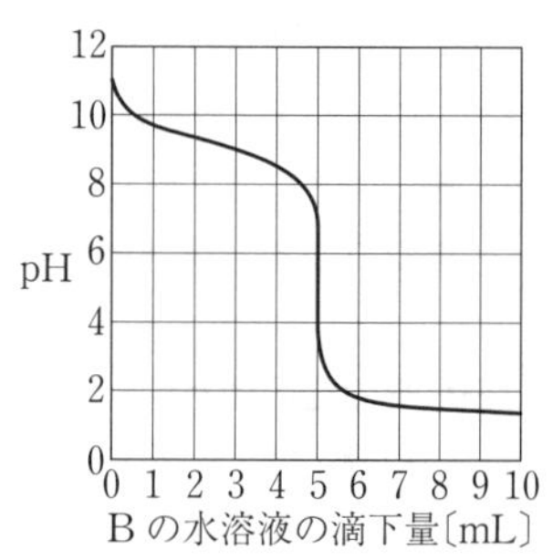

① Aは弱塩基である。

② Bは強酸である。

③ 中和点までに加えられたBの物質量は，1.0×10^{-3} mol である。

④ Bは2価の酸である。

解説

滴定曲線よりpH変化，および中和点までの滴下量がわかる。

・pH　…塩基のみでは約11，中和点5付近，酸過剰で1に近づく

・滴下量…中和点までの滴下量は，塩基Aの体積の半分(5.0 mL)

(問題文より，酸Bの濃度はAの2倍)

① [○] 中和点のpHが酸性側にあるので，弱塩基と強酸の反応である。

② [○] ①と同様の理由でBは強酸である。

③ [○] Bの水溶液の滴下量は5.0 mLだから，加えたBの物質量は

$$\frac{0.20\times5.0}{1000}\ \text{mol}=1.0\times10^{-3}\ \text{mol}$$

④ [×] Bをn価の酸とすると，中和の量的関係より

$$\underbrace{n}_{\text{酸の価数}} \times \underbrace{1.0\times10^{-3}\ \text{mol}}_{\text{酸の物質量}} = \underbrace{1}_{\text{塩基の価数}} \times \underbrace{\frac{0.10\times10}{1000}\ \text{mol}}_{\text{塩基の物質量}}$$

$\therefore\ n=1$

したがって，Bは1価の酸である。

正解 [④]

Work Shop

解答は別冊 24 ページ

59 1価の酸の 0.2 mol/L 水溶液 10 mL を，ある塩基の水溶液で中和滴定した。塩基の水溶液の滴下量と pH の関係を図に示す。次の問い(**a**・**b**)に答えよ。

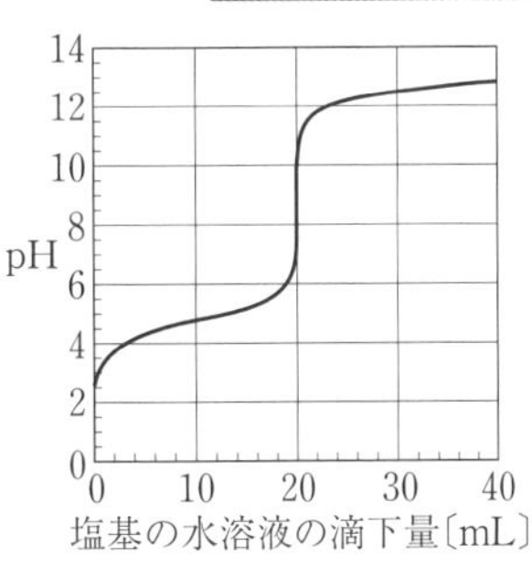

a この滴定に関する記述として**誤りを含むもの**を，次の①～⑤のうちから一つ選べ。

① この1価の酸は弱酸である。

② 滴定に用いた塩基の水溶液の pH は 12 より大きい。

③ 中和点における水溶液の pH は 7 である。

④ この滴定に適した指示薬はフェノールフタレインである。

⑤ この滴定に用いた塩基の水溶液を用いて，0.1 mol/L の硫酸 10 mL を中和滴定すると，中和に要する滴下量は 20 mL である。

b 滴定に用いた塩基の水溶液として最も適当なものを，次の①～⑥のうちから一つ選べ。

① 0.05 mol/L のアンモニア水

② 0.1 mol/L のアンモニア水

③ 0.2 mol/L のアンモニア水

④ 0.05 mol/L の水酸化ナトリウム水溶液

⑤ 0.1 mol/L の水酸化ナトリウム水溶液

⑥ 0.2 mol/L の水酸化ナトリウム水溶液

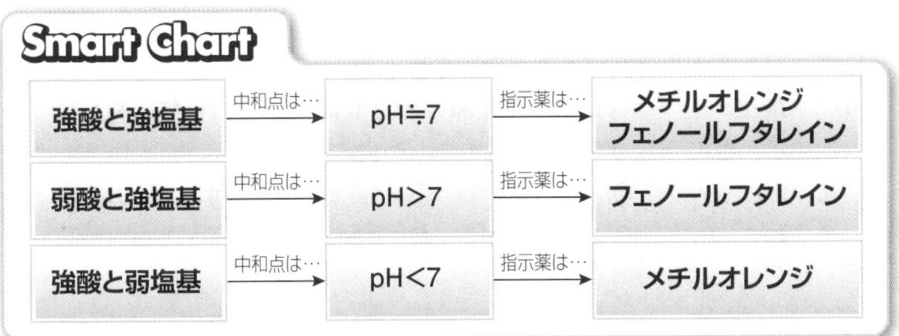

解答は別冊 25 ページ

60 次の表の **a** 欄と **b** 欄に示す水溶液を同体積ずつ混合したとき，酸性を示すものを①～⑤のうちから一つ選べ。

	a	b
①	0.1 mol/L の塩酸	0.1 mol/L の水酸化バリウム溶液
②	0.1 mol/L の塩化カリウム溶液	0.1 mol/L の炭酸ナトリウム溶液
③	0.1 mol/L の硫酸	0.2 mol/L の水酸化ナトリウム溶液
④	0.1 mol/L の塩酸	0.1 mol/L の炭酸ナトリウム溶液
⑤	0.1 mol/L の塩酸	0.1 mol/L の酢酸ナトリウム溶液

61 酸と塩基に関する記述として正しいものを，次の①～⑤のうちから一つ選べ。

① 酸や塩基の電離度は濃度によらない。

② 水酸化バリウム水溶液に希硫酸を加えていくと沈殿が生じ，中和点では水に溶けているイオンの濃度が最小になる。

③ 1.0×10^{-3} mol/L の硫酸中の水素イオン濃度は 1.0×10^{-3} mol/L である。

④ 1.0×10^{-4} mol/L の塩酸を水で 10^4 倍に薄めると，pH は 8 になる。

⑤ pH＝4 の塩酸と pH＝12 の水酸化ナトリウム水溶液とを同体積ずつ混合すると，その溶液の pH は 8 となる。

62 1.00 mol/L の硫酸 20.0 mL に指示薬を加え，ある量のアンモニアを吸収させた。アンモニアを吸収させた後の溶液はまだ酸性であり，これを中和するのに 0.500 mol/L の水酸化ナトリウム水溶液 36.0 mL を要した。次の **a** ～ **c** に答えよ。ただし，原子量は，H＝1.0，N＝14 とする。

a 指示薬として何を使ったらよいか。最も適当なものを，次の①～③のうちから一つ選べ。ただし，かっこ内の pH 値は各指示薬の変色域である。

① ブロモチモールブルー(BTB) (pH 6.0～7.6)

② メチルオレンジ (pH 3.1～4.4)

③ フェノールフタレイン (pH 8.0～9.8)

b 水酸化ナトリウムによって中和された酸は何 mol の硫酸に相当するか。次の①～⑦のうちから正しいものを一つ選べ。

① 2.0×10^{-3} ② 4.0×10^{-3} ③ 9.0×10^{-3} ④ 1.10×10^{-2}
⑤ 1.80×10^{-2} ⑥ 2.00×10^{-2} ⑦ 2.20×10^{-2}

c　はじめに吸収させたアンモニアは何gか。次の①～⑦のうちから正しいものを一つ選べ。

① 3.4×10^{-2}　② 6.8×10^{-2}　③ 1.53×10^{-1}　④ 1.87×10^{-1}
⑤ 3.06×10^{-1}　⑥ 3.40×10^{-1}　⑦ 3.74×10^{-1}

63　硫酸カリウムと炭酸ナトリウムとを含む水溶液Sがある。この水溶液について，次のa，bに答えよ。

a　水溶液SのpHはどのくらいか。次の①～④のうちから最も適当なものを一つ選べ。

① 2より小　② 2～6　③ 約7　④ 8～12

b　水溶液SのA〔mL〕を取り，pH=8付近で鋭敏に変色する指示薬を用いて，B〔mol/L〕の塩酸で滴定したところ，C〔mL〕を必要とした。この水溶液Sを用いて，炭酸イオンの濃度がD〔mol/L〕の水溶液100 mLを作るには，何mLのSが必要か。右の図を参考にして，次の①～⑨のうちから適当なものを一つ選べ。

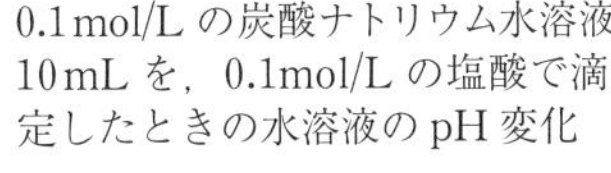
0.1 mol/Lの炭酸ナトリウム水溶液10 mLを，0.1mol/Lの塩酸で滴定したときの水溶液のpH変化

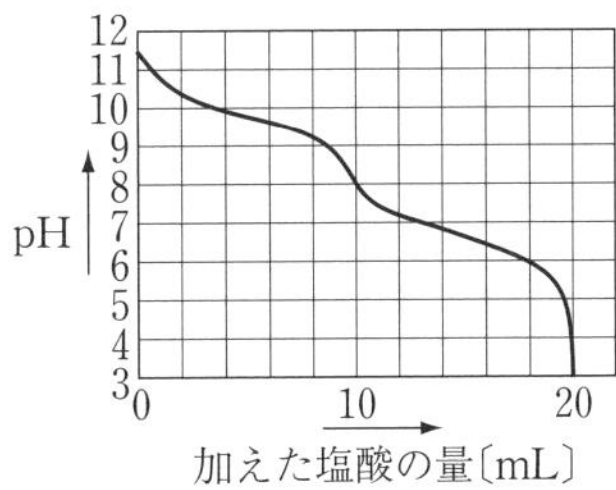

① $\dfrac{ABC}{100D}$　② $\dfrac{ABC}{200D}$　③ $\dfrac{100BD}{A+C}$

④ $\dfrac{100AD}{BC}$　⑤ $\dfrac{200AD}{BC}$　⑥ $\dfrac{100AD}{2BC}$

⑦ $\dfrac{BC}{100AD}$　⑧ $\dfrac{2BC}{100AD}$　⑨ $\dfrac{100AD}{B(A+C)}$

64　ともに濃度不明の希硫酸20 mLと希塩酸20 mLを混合した水溶液がある。これを，0.10 mol/Lの水酸化ナトリウム水溶液で中和したところ40 mLを要した。混合する前の希硫酸と希塩酸の濃度に関する記述として正しいものを，次の①～④のうちから一つ選べ。

① 希硫酸の濃度が0.050 mol/Lのとき，希塩酸の濃度は0.025 mol/Lである。
② 希塩酸の濃度が0.20 mol/Lのとき，希硫酸の濃度は0.20 mol/Lである。
③ 希硫酸の濃度は0.10 mol/Lより大きい。
④ 希塩酸の濃度は0.20 mol/Lより小さい。

POINT

5-1 酸化・還元

■酸化還元反応

➲酸化・還元と酸素原子 O の授受

例　火山ガスの硫化水素と二酸化硫黄が反応すると，硫黄 S が遊離する。

$$2H_2S + SO_2 \longrightarrow 3S + 2H_2O$$

（H_2S → O を受け取る → H_2O，SO_2 → O を失う → $3S$）

H_2S は 酸化された

SO_2 は 還元された

➲酸化・還元と水素原子 H の授受

$$2H_2S + SO_2 \longrightarrow 3S + 2H_2O$$

（H_2S → H を失う → $3S$，SO_2 → H を受け取る → $2H_2O$）

H_2S は 酸化された

SO_2 は 還元された

➲酸化・還元と電子 e^- の授受

例　マグネシウムを空気中で燃焼させると，酸化マグネシウムになる。

$$2Mg + O_2 \longrightarrow 2MgO\ (Mg^{2+},\ O^{2-})$$

（Mg → e^- を失う，O_2 → e^- を受け取る）

Mg は 酸化された

$2Mg \longrightarrow 2Mg^{2+} + 4e^-$，$O_2 + 4e^- \longrightarrow 2O^{2-}$

O_2 は 還元された

酸化と還元は同時に起きるので，まとめて**酸化還元反応**(さんかかんげんはんのう)という。

■酸化数

酸化還元反応を扱いやすくするため，原子の酸化の程度を表す**酸化数**(さんかすう)を用いる。e^- の授受を，酸化数の増減で判別できる。

単体の原子の状態を 0，e^- を失った状態を正，e^- を受け取った状態を負の数で表す。算用数字(0，±1，±2，…)，またはローマ数字(±Ⅰ，±Ⅱ，…)で表記する。0 以外の場合は，＋ または － の符号をつける。

酸化数のルール	例
(1) 単体中の原子は 0	H_2 の H は 0
(2) 単原子イオンでは，電荷の符号と価数に一致	Na^+ は +1，Cl^- は −1
(3) 原則として化合物中の H は +1，O は −2 （例外；NaH の H は −1，H_2O_2 の O は −1）	H_2O の H は +1， O は −2
(4) 化合物中の各原子の酸化数の総和は 0	H_2O；$(+1)\times2+(-2)=0$
(5) 多原子イオンでは，各原子の酸化数の総和が多原子イオンの電荷の符号と価数に一致	OH^-；$(-2)+(+1)=-1$

【練習】下線をつけた原子の酸化数を求める

$H_2\underline{S}$ ……………………… H は $\underline{+1}$，総和は $\underline{0}$ より，S は $\underline{-2}$

$\underline{S}O_2$ ……………………… O は $\underline{-2}$，総和は $\underline{0}$ より，S は $\underline{+4}$

$\underline{Mn}O_4^-$（$K\underline{Mn}O_4$） ……… O は $\underline{-2}$，総和は $\underline{-1}$ より，Mn は $\underline{+7}$

$\underline{Cr}_2O_7^{2-}$（$K_2\underline{Cr}_2O_7$） ……… O は $\underline{-2}$，総和は $\underline{-2}$ より，Cr 2 個で +12 に相当するから，Cr 1 個当たりでは $\underline{+6}$

注意　酸化数は原子 1 個当たりの値で表す。また，「+」は省略しない。

➲酸化・還元と酸化数の増減

$$2H_2\overset{-2}{\underline{S}} + \overset{+4}{\underline{S}}O_2 \longrightarrow 3\overset{0}{\underline{S}} + 2H_2O$$

（S：−2 → 0 増加，+4 → 0 減少）

H_2S は 酸化された（酸化数 2 増加する S が 2 個）

SO_2 は 還元された（酸化数 4 減少）

酸化数が増加する原子を含む物質は酸化され，減少する原子を含む物質は還元されている。

➲硫黄と窒素の酸化数

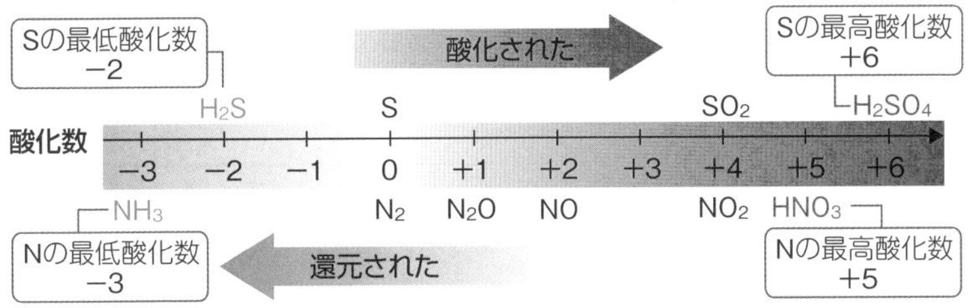

➲クロム Cr の酸化数

クロム酸イオン CrO_4^{2-}（黄色）を硫酸酸性にすると二クロム酸イオン $Cr_2O_7^{2-}$（赤橙色）に変化する。Cr の酸化数はどちらも +6 である。

$$2\underset{+6}{\underline{Cr}}O_4^{2-} + 2H^+ \rightleftarrows \underset{+6}{\underline{Cr}}_2O_7^{2-} + H_2O$$

$Cr_2O_7^{2-}$ は相手を酸化して，緑色のクロム(Ⅲ)イオン $\underset{+3}{\underline{Cr}}^{3+}$ を生じる。

赤シート CHECK

☑ある物質が酸素を受け取ったとき，その物質は**酸化**されたという。
☑ある物質が水素を受け取ったとき，その物質は**還元**されたという。
☑ある物質が電子を受け取ったとき，その物質は**還元**されたという。
☑酸化数が増加するときは電子を**失う**ため，その物質は**酸化**されたという。

標準マスター

解法 Pick Up

酸化還元反応でないものを，次の①～⑤のうちから一つ選べ。

① $K_2Cr_2O_7 + 2KOH \longrightarrow 2K_2CrO_4 + H_2O$

② $MnO_2 + 4HCl \longrightarrow MnCl_2 + 2H_2O + Cl_2$

③ $N_2 + 3H_2 \longrightarrow 2NH_3$

④ $3NO_2 + H_2O \longrightarrow 2HNO_3 + NO$

⑤ $SO_2 + 2H_2S \longrightarrow 2H_2O + 3S$

解説

反応前後で，各原子の酸化数の変化は次のようになる。

① [×] Cr の酸化数は +6 のまま変化していないので，酸化還元反応でない。

② [○] $\underset{+4}{\underline{Mn}}O_2 + 4H\underset{-1}{\underline{Cl}} \longrightarrow \underset{+2}{\underline{Mn}}Cl_2 + 2H_2O + \underset{0}{\underline{Cl}}{}_2$

③ [○] $\underset{0}{\underline{N}}{}_2 + 3\underset{0}{\underline{H}}{}_2 \longrightarrow 2\underset{-3}{\underline{N}}\ \underset{+1}{\underline{H}}{}_3$

④ [○] $3\underset{+4}{\underline{N}}O_2 + H_2O \longrightarrow 2H\underset{+5}{\underline{N}}O_3 + \underset{+2}{\underline{N}}O$

⑤ [○] $\underset{+4}{\underline{S}}O_2 + 2H_2\underset{-2}{\underline{S}} \longrightarrow 2H_2O + 3\underset{0}{\underline{S}}$

Say 単体は　酸化還元　ダウトフル

②，③，⑤のように反応式中に単体があるものは酸化還元を疑ってよい。

正解 [①]

解法 Pick Up

次の酸化還元反応（①～⑤）のうちで，下線で示した原子の酸化数が反応の前後で最も大きく変化しているものを一つ選べ。

① $3Cu + 8H\underline{N}O_3 \longrightarrow 3Cu(NO_3)_2 + 4H_2O + 2\underline{N}O$

② $\underline{S}O_2 + I_2 + 2H_2O \longrightarrow H_2\underline{S}O_4 + 2HI$

③ $2H_2\underline{S} + SO_2 \longrightarrow 3\underline{S} + 2H_2O$

④ $\underline{Mn}O_2 + 4HCl \longrightarrow \underline{Mn}Cl_2 + Cl_2 + 2H_2O$

⑤ $2KMnO_4 + 10K\underline{I} + 8H_2SO_4 \longrightarrow 2MnSO_4 + 5\underline{I}_2 + 8H_2O + 6K_2SO_4$

各原子の酸化数の変化は，それぞれ次のようになる。

① N(+5→+2)　② S(+4→+6)　③ S(−2→0)　④ Mn(+4→+2)　⑤ I(−1→0)

よって，酸化数の増減の幅が最大の反応は，3 減少する①である。

正解 [①]

Work Shop

解答は別冊 30 ページ

65 **酸化還元反応でないもの**を，次の①～⑤のうちから一つ選べ。

① $H_2S + H_2O_2 \longrightarrow S + 2H_2O$

② $2FeSO_4 + H_2O_2 + H_2SO_4 \longrightarrow Fe_2(SO_4)_3 + 2H_2O$

③ $2KI + Cl_2 \longrightarrow I_2 + 2KCl$

④ $2KMnO_4 + 5(COOH)_2 + 3H_2SO_4 \longrightarrow 2MnSO_4 + 10CO_2 + K_2SO_4 + 8H_2O$

⑤ $SO_3 + H_2O \longrightarrow H_2SO_4$

66 次の反応①～④のうちで，反応の前後において，金属原子の酸化数が最も大きく変化しているものを一つ選べ。

① $3Cu + 8HNO_3 \longrightarrow 3Cu(NO_3)_2 + 2NO + 4H_2O$

② $Cu_2S + O_2 \longrightarrow 2Cu + SO_2$

③ $2Fe(OH)_3 \longrightarrow Fe_2O_3 + 3H_2O$

④ $2FeCl_2 + Cl_2 \longrightarrow 2FeCl_3$

67 次の反応 **a** ～ **d** のうちで，酸化還元反応はどれか。その組合せとして正しいものを，下の①～⑥のうちから一つ選べ。

a $2HCl + CaO \longrightarrow CaCl_2 + H_2O$

b $H_2SO_4 + Fe \longrightarrow FeSO_4 + H_2$

c $BaCO_3 + 2HCl \longrightarrow H_2O + CO_2 + BaCl_2$

d $Cl_2 + H_2 \longrightarrow 2HCl$

① **a**・**b**　② **a**・**c**　③ **a**・**d**

④ **b**・**c**　⑤ **b**・**d**　⑥ **c**・**d**

Smart Chart

酸化・還元

酸素に注目	水素に注目	電子e^-に注目	酸化数に注目
Oを失う…還元 Oを得る…酸化	Hを失う…酸化 Hを得る…還元	e^-を失う…酸化 e^-を得る…還元	酸化数増加…酸化 酸化数減少…還元

POINT

5-2 酸化剤・還元剤

■酸化剤と還元剤

	相手を	自身は	e^- を	例
酸化剤	酸化する	還元される	受け取る	$KMnO_4$, $K_2Cr_2O_7$
還元剤	還元する	酸化される	放出する	H_2S, KI, $(COOH)_2$

還元剤をピッチャー，酸化剤をキャッチャーにたとえることができる。

Say! 還元剤　投げるボールは　e^-

■半反応式

酸化剤・還元剤の電子 e^- の授受を示すイオン反応式を**半反応式**(はんはんのうしき)という。

➲半反応式のつくり方　例　硫酸酸性の $KMnO_4$

Step 1 反応前後で酸化数が変化する原子を含むものを両辺に書く …$MnO_4^- \longrightarrow Mn^{2+}$

Step 2 両辺の酸素原子の数が等しくなるように H_2O で調整する …$MnO_4^- \longrightarrow Mn^{2+}+4H_2O$

Step 3 両辺の水素原子の数が等しくなるように H^+ で調整する …$MnO_4^-+8H^+ \longrightarrow Mn^{2+}+4H_2O$

Step 4 両辺の電荷の総和が等しくなるように e^- で調整する …$MnO_4^-+8H^++5e^- \longrightarrow Mn^{2+}+4H_2O$

$(-1+1\times8+(-1)\times x=+2+4\times0 \quad \therefore \ x=5)$

➲主な酸化剤・還元剤の半反応式

	物質名・化学式	半反応式
酸化剤	過マンガン酸カリウム $KMnO_4$*	$MnO_4^- +8H^+ +5e^- \longrightarrow Mn^{2+}+4H_2O$
	二クロム酸カリウム $K_2Cr_2O_7$*	$Cr_2O_7^{2-} +14H^+ +6e^- \longrightarrow 2Cr^{3+}+7H_2O$
	塩素 Cl_2	$Cl_2 +2e^- \longrightarrow 2Cl^-$
	希硝酸 HNO_3	$HNO_3 +3H^+ +3e^- \longrightarrow NO+2H_2O$
	過酸化水素 H_2O_2*	$H_2O_2 +2H^+ +2e^- \longrightarrow 2H_2O$
	二酸化硫黄 SO_2	$SO_2 +4H^+ +4e^- \longrightarrow S+2H_2O$
還元剤	硫化水素 H_2S	$H_2S \longrightarrow S +2H^+ +2e^-$
	ヨウ化カリウム KI	$2I^- \longrightarrow I_2 +2e^-$
	シュウ酸 $(COOH)_2$	$(COOH)_2 \longrightarrow 2CO_2 +2H^+ +2e^-$
	過酸化水素 H_2O_2	$H_2O_2 \longrightarrow O_2 +2H^+ +2e^-$
	二酸化硫黄 SO_2	$SO_2+2H_2O \longrightarrow SO_4^{2-} +4H^+ +2e^-$

＊　硫酸酸性下ではたらく。酸性にするときは硫酸を用いる。塩酸は Cl^- が還元剤として，硝酸は自身が酸化剤としてはたらくので不適。

【練習】前ページの方法で，次の反応式中の係数($a \sim d$)を求める
(Work Shop 38 (POINT 3-3)の反応式)

$$a\mathrm{NO_2} + b\mathrm{H^+} + c\mathrm{e^-} \longrightarrow \mathrm{N_2} + d\mathrm{H_2O}$$

解説

Step 1 酸化数が変化する原子(ここではN)を含むものを両辺に書く… $\underline{\mathbf{2NO_2}} \longrightarrow \underline{\mathbf{N_2}}$
(Nの原子数を調整)

Step 2 O原子数について H_2O で調整… $2NO_2 \longrightarrow N_2 + \underline{\mathbf{4H_2O}}$

Step 3 H原子数について H^+ で調整… $2NO_2 + \underline{\mathbf{8H^+}} \longrightarrow N_2 + 4H_2O$

Step 4 電荷について e^- で調整 … $2NO_2 + 8H^+ + \underline{8e^-} \longrightarrow N_2 + 4H_2O$

■過酸化水素と二酸化硫黄のはたらき

H_2O_2 と SO_2 は，反応する相手の物質により，酸化剤にも還元剤にもなる。

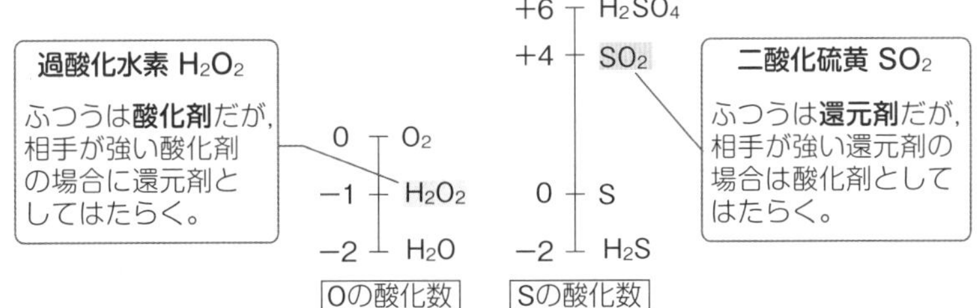

■酸化剤・還元剤の強さ

ハロゲン単体…電子を受け取って陰イオンになりやすく，酸化剤になる。酸化作用の強さ(陰イオンへのなりやすさ)は，$F_2 > Cl_2 > Br_2 > I_2$ の順である。

ハロゲン化物イオン…電子を放出し，還元剤になる。還元作用の強さ(単体へのなりやすさ)は，$I^- > Br^- > Cl^-$ の順である(F^- は電子を放出しにくい)。

赤シートCHECK

☑酸化剤は，相手の物質を酸化し，自身は還元される。

☑硫酸で酸性にした過マンガン酸カリウム水溶液は，強い酸化剤である。

☑過酸化水素は，通常は酸化剤としてはたらくが，相手の物質が強い酸化剤の場合には還元剤として作用し，気体の酸素を発生する。

標準マスター

解法 Pick Up

次の①～⑤の化学変化のうち，下線の化合物が酸化剤として作用しているものを一つ選べ。

① クロム酸カリウム水溶液に硫酸を加えると，赤橙色になる。

② 硫酸酸性の過マンガン酸カリウム水溶液に過酸化水素水を加えると，赤紫色が消える。

③ シュウ酸水溶液を水酸化ナトリウム水溶液で滴定する。

④ 硫化水素の水溶液に二酸化硫黄を通じると，白濁する。

⑤ 硫酸酸性のヨウ化カリウム水溶液に過酸化水素水を加えると，褐色になる。

Say **H_2O_2 と SO_2　あるときは　電子投げ出す　還元剤**
あるときは　電子受け取る　酸化剤

H_2O_2 と SO_2 は，反応する相手の物質によって，酸化剤にも還元剤にもなる。

① [×] 黄色のクロム酸カリウム K_2CrO_4 水溶液を硫酸酸性にすると，赤橙色の二クロム酸カリウム $K_2Cr_2O_7$ 水溶液になる。

$$2\underset{+6}{\underline{Cr}}O_4{}^{2-} + 2H^+ \rightleftarrows \underset{+6}{\underline{Cr}}{}_2O_7{}^{2-} + H_2O$$

Cr の酸化数は +6 のまま変化せず，酸化還元反応ではない。

② [×] H_2O_2 はふつう酸化剤としてはたらくが，強い酸化剤である硫酸酸性下の過マンガン酸カリウムに対しては還元剤として作用し，O_2 を発生する。

$$2K\underset{+7}{\underline{Mn}}O_4 + 5H_2\underset{-1}{\underline{O}}{}_2 + 3H_2SO_4 \longrightarrow 2\underset{+2}{\underline{Mn}}SO_4 + K_2SO_4 + 8H_2O + 5\underset{0}{\underline{O}}{}_2$$

③ [×] $(COOH)_2$ は還元剤にもなるが，塩基の NaOH に対しては 2 価の酸として中和反応をする。酸化還元反応ではない。

④ [○] SO_2 は，還元剤の H_2S に対して酸化剤としてはたらく。硫黄 S が遊離するために白濁する。

$$2H_2\underset{-2}{\underline{S}} + \underset{+4}{\underline{S}}O_2 \longrightarrow 3\underset{0}{\underline{S}} + 2H_2O$$

⑤ [×] KI は還元剤として，H_2O_2 は酸化剤としてはたらく。H_2O_2 自身は還元されて H_2O になる。一方，I^- は酸化されて I_2 になる。

$$2K\underset{-1}{\underline{I}} + H_2\underset{-1}{\underline{O}}{}_2 + H_2SO_4 \longrightarrow K_2SO_4 + \underset{0}{\underline{I}}{}_2 + 2H_2\underset{-2}{\underline{O}}$$

正解 [④]

Work Shop

解答は別冊 31 ページ

68 次の記述①～⑤のうちから，下線をつけた物質が酸化剤としてはたらくものを一つ選べ。

① 酸化銅(Ⅱ) CuO を炭素と高温で反応させる。
② 亜鉛を塩酸に溶かす。
③ 鉄を空気中で燃焼させる。
④ 硫化水素を二酸化硫黄と反応させる。
⑤ 酸化カルシウムを水と反応させる。

69 下線で示す物質が還元剤としてはたらいている化学反応の式を，次の①～⑥のうちから一つ選べ。

① $2H_2O + 2K \longrightarrow 2KOH + H_2$
② $Cl_2 + 2KBr \longrightarrow 2KCl + Br_2$
③ $H_2O_2 + 2KI + H_2SO_4 \longrightarrow 2H_2O + I_2 + K_2SO_4$
④ $H_2O_2 + SO_2 \longrightarrow H_2SO_4$
⑤ $SO_2 + Br_2 + 2H_2O \longrightarrow H_2SO_4 + 2HBr$
⑥ $SO_2 + 2H_2S \longrightarrow 3S + 2H_2O$

70 次の反応 **a** ～ **c** から，H_2O_2，H_2S，SO_2 の酸化作用の強さの順序を知ることができる。これらの物質が酸化作用の強さの順に正しく並べられているものを，下の①～⑥のうちから一つ選べ。

a $H_2O_2 + SO_2 \longrightarrow H_2SO_4$
b $H_2S + H_2O_2 \longrightarrow S + 2H_2O$
c $SO_2 + 2H_2S \longrightarrow 3S + 2H_2O$

① $H_2O_2 > H_2S > SO_2$　　② $H_2O_2 > SO_2 > H_2S$
③ $H_2S > H_2O_2 > SO_2$　　④ $H_2S > SO_2 > H_2O_2$
⑤ $SO_2 > H_2O_2 > H_2S$　　⑥ $SO_2 > H_2S > H_2O_2$

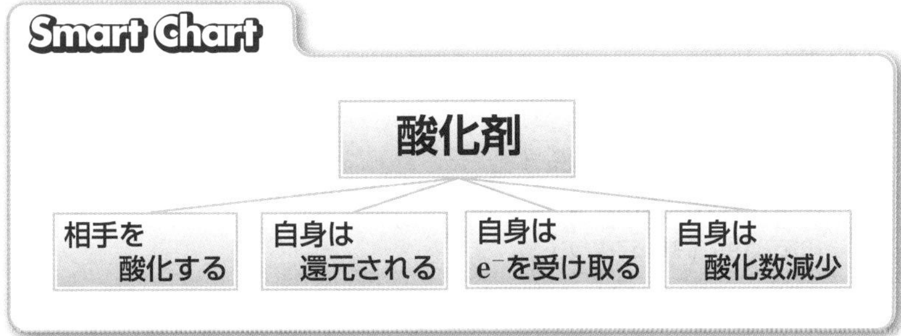

POINT

5-3 酸化還元滴定

■酸化還元滴定

酸化剤と還元剤は，受け渡しする電子数が等しくなったとき，過不足なく反応する。この反応を利用して，濃度既知の酸化剤(還元剤)を用いて，濃度未知の還元剤(酸化剤)の濃度を知ることができる。この操作を，**酸化還元滴定**(さんかかんげんてき)という。

例　シュウ酸標準溶液を用いて，過マンガン酸カリウムの濃度を求める。

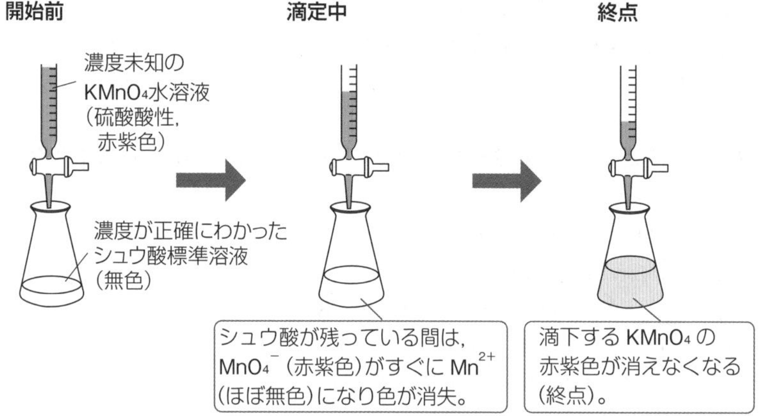

この $KMnO_4$ 水溶液を用いて，さまざまな還元剤の濃度を測定できる。

➲酸化還元反応の化学反応式

硫酸酸性の過マンガン酸カリウム $KMnO_4$ 水溶液に，過酸化水素を加えると，酸素を発生する。過酸化水素は還元剤としてはたらく。

酸化剤　$MnO_4^- + 8H^+ + 5e^- \longrightarrow Mn^{2+} + 4H_2O$　………(1)

還元剤　$H_2O_2 \longrightarrow O_2 + 2H^+ + 2e^-$　……(2)

(1)式×2＋(2)式×5により，電子 e^- を消去すると

$$2MnO_4^- + 6H^+ + 5H_2O_2 \longrightarrow 2Mn^{2+} + 5O_2 + 8H_2O \quad \cdots\cdots(3)$$

$2MnO_4^-$ と $6H^+$ の対になる $2K^+$ と $3SO_4^{2-}$ を，両辺に加えて整理すると

$$2KMnO_4 + 3H_2SO_4 + 5H_2O_2 \longrightarrow 2MnSO_4 + K_2SO_4 + 5O_2 + 8H_2O \quad \cdots\cdots(4)$$

■酸化還元滴定の量的関係

➲化学反応式の係数比から

(3)式あるいは(4)式より

$$2MnO_4^- + 6H^+ + 5H_2O_2 \longrightarrow 2Mn^{2+} + 5O_2 + 8H_2O \quad \cdots\cdots\cdots\cdots (3)$$

よって過マンガン酸カリウムと過酸化水素は，物質量比 2：5 で反応する。

➲電子の授受から

酸化還元滴定では，次のような関係がある。

（酸化剤が受け取る e^- の物質量）＝（還元剤が放出する e^- の物質量）

1 mol の酸化剤が受け取る電子数，1 mol の還元剤が放出する電子数を，酸化剤・還元剤の**価数**とする。(1)，(2)式の e^- の係数が該当する。$KMnO_4$ は 5 価の酸化剤，H_2O_2 は 2 価の還元剤である。価数を考慮して

（酸化剤の価数）×（酸化剤の物質量）＝（還元剤の価数）×（還元剤の物質量）

のとき，酸化剤と還元剤は過不足なく反応するといえる。

■酸化還元滴定と中和滴定

シュウ酸 $(COOH)_2$ は 2 価の酸である。安定な物質であるため，中和滴定において他の塩基の濃度を正確に測定するための標準溶液として用いられる。また，シュウ酸は 2 価の還元剤でもあるので，酸化還元滴定で酸化剤の濃度を正確に求めるときにも用いられる。

➲滴定器具

酸化還元滴定に用いる器具は中和滴定の場合とほぼ同じである。ただし，$KMnO_4$ は光によって変質しやすいので，褐色のビュレットを用いる。

➲指示薬

MnO_4^- は赤紫色だが，これが還元された Mn^{2+} はほとんど無色である。このため，反応する相手の還元剤がすべて消費されると，滴下する $KMnO_4$ 水溶液の赤紫色が消えなくなるので，ここを滴定の終点とする。つまり，酸化剤自身が指示薬を兼ねている。

赤シートCHECK

☑酸化剤が受け取る **e^- の物質量**と，還元剤が放出する **e^- の物質量**が等しいとき，酸化剤と還元剤は過不足なく反応する。

☑ $KMnO_4$ 水溶液を滴下する酸化還元滴定では，**赤紫色**が消えなくなったところを終点とする。

☑シュウ酸 $(COOH)_2$ は 2 価の酸であり，2 価の**還元剤**でもある。

標準マスター

解法 Pick Up

硫酸酸性水溶液における過マンガン酸カリウム $KMnO_4$ と過酸化水素 H_2O_2 の反応は，次式のように表される。

$$2KMnO_4 + 5H_2O_2 + 3H_2SO_4 \longrightarrow K_2SO_4 + 2MnSO_4 + 8H_2O + 5O_2$$

濃度未知の過酸化水素水 10.0 mL を蒸留水で希釈したのち，希硫酸を加えて酸性水溶液とした。この水溶液を 0.100 mol/L $KMnO_4$ 水溶液で滴定したところ，20.0 mL 加えたときに赤紫色が消えなくなった。希釈前の過酸化水素水の濃度〔mol/L〕として最も適当な数値を，次の①～⑥のうちから一つ選べ。

① 0.25　② 0.50　③ 1.0　④ 2.5　⑤ 5.0　⑥ 10

解説

希釈する前の H_2O_2 水溶液のモル濃度を c〔mol/L〕とすると，この水溶液 10.0 mL 中に含まれる H_2O_2 の物質量は

$$\frac{c \times 10.0}{1000} \text{〔mol〕}$$

過酸化水素水を希釈すると，濃度は小さくなるが，溶質の物質量は変わらない。$KMnO_4$ 水溶液を滴下すると，H_2O_2 が過剰の場合は MnO_4^- の赤紫色はすぐに消える。酸化還元滴定の終点は，この赤紫色が消えなくなったところで判断できる。$KMnO_4$ 水溶液 20.0 mL に含まれる $KMnO_4$ の物質量は

$$\frac{0.100 \times 20.0}{1000} \text{ mol}$$

化学反応式の係数より，$KMnO_4$ と H_2O_2 の物質量比は 2：5 であるから，

$$2 : 5 = \frac{0.100 \times 20.0}{1000} \text{ mol} : \frac{c \times 10.0}{1000} \text{〔mol〕}$$

$$\therefore \quad c = 0.500 \text{ mol/L}$$

正解〔②〕

別解

$KMnO_4$ は 5 価の酸化剤　$MnO_4^- + 8H^+ + 5e^- \longrightarrow Mn^{2+} + 4H_2O$

H_2O_2 は 2 価の還元剤　$H_2O_2 \longrightarrow O_2 + 2H^+ + 2e^-$

（酸化剤の価数）×（酸化剤の物質量）＝（還元剤の価数）×（還元剤の物質量）より

$$5 \times \frac{0.100 \times 20.0}{1000} \text{ mol} = 2 \times \frac{c \times 10.0}{1000} \text{〔mol〕}$$

$$\therefore \quad c = 0.500 \text{ mol/L}$$

Work Shop

解答は別冊 32 ページ

71 過マンガン酸カリウムと過酸化水素は次のように反応する。これに関する次の問い(**a**・**b**)に答えよ。

$$2KMnO_4 + 3H_2SO_4 + 5H_2O_2 \longrightarrow K_2SO_4 + 2MnSO_4 + 5O_2 + 8H_2O$$

a 反応の前後で，マンガンの酸化数はいくつ変化したか。正しい数値を，次の①～⑤のうちから一つ選べ。

① 2　② 3　③ 4　④ 5　⑤ 6

b 発生した酸素の体積は，0℃，1.013×10^5 Pa (標準状態) で 11.2 L であった。反応した過マンガン酸カリウムは何 mol か。最も適当な数値を，次の①～⑤のうちから一つ選べ。

① 0.2　② 0.4　③ 0.6　④ 0.8　⑤ 1.0

72 0.050 mol/L $FeSO_4$ 水溶液 20 mL と過不足なく反応する 0.020 mol/L の $KMnO_4$ 硫酸酸性水溶液の体積は何 mL か。最も適当な数値を，下の①～⑧のうちから一つ選べ。ただし，MnO_4^- と Fe^{2+} はそれぞれ酸化剤および還元剤として次のようにはたらく。

$$MnO_4^- + 8H^+ + 5e^- \longrightarrow Mn^{2+} + 4H_2O$$
$$Fe^{2+} \longrightarrow Fe^{3+} + e^-$$

① 2.0　② 4.0　③ 10　④ 20
⑤ 40　⑥ 50　⑦ 100　⑧ 250

Smart Chart

酸化還元滴定の量的関係

(酸化剤が受け取るe^-の物質量)
=(還元剤が放出するe^-の物質量)

(酸化剤の価数)×(酸化剤の物質量)
=(還元剤の価数)×(還元剤の物質量)

POINT

5-4 金属のイオン化傾向

■金属の，陽イオンへのなりやすさ

硝酸銀水溶液に銅線を浸すと，銅が溶けて銀が析出する。このとき，金属の表面で次の酸化還元反応が起きている。

$$Cu+2Ag^{+} \longrightarrow Cu^{2+}+2Ag$$

この反応では，Cu は酸化され，Ag^{+} は還元される。これより，銀より銅の方が陽イオンになりやすいことがわかる。

■イオン化傾向

金属が水溶液中で陽イオンになろうとする性質を**イオン化傾向**といい，金属をイオン化傾向の大きい順に並べたものを**イオン化列**という。イオン化傾向が大きい金属は，電子を失いやすく（酸化されやすく），反応性が大きい。

大 ← イオン化傾向 ― 小

<table>
<tr><td>イオン化列</td><td colspan="11">Li K　Ca Na　Mg　Al　Zn　Fe　Ni　Sn　Pb　(H)　Cu　Hg　Ag　Pt Au
李下に冠か なぁ ま あ あ て に すん な ひ ど す ぎる PT A</td></tr>
<tr><td>酸との反応</td><td colspan="9">希塩酸や希硫酸と反応して水素発生
（Pbを除く）</td><td>酸化作用のある酸に溶ける</td><td>王水に溶ける</td></tr>
<tr><td>水との反応</td><td>常温で反応</td><td>*1</td><td>高温水蒸気と反応</td><td colspan="8">高温水蒸気とも反応しない</td></tr>
<tr><td>空気中での反応</td><td>常温で内部まで酸化</td><td>*2</td><td colspan="7">酸化される
（常温で酸化被膜）</td><td colspan="2">酸化されにくい</td></tr>
</table>

酸化されやすい
還元力大 ← 反応性小
単体で産出

*1　Mg は沸騰水と反応する。$Mg+2H_2O \longrightarrow Mg(OH)_2+H_2$

*2　Mg は空気中で加熱すると強い光を出して燃焼する。Al の細線や粉末も燃える。

➲酸化作用のある酸との反応

希硝酸，濃硝酸および熱濃硫酸には酸化作用があり，イオン化傾向の小さい Cu，Hg，Ag を溶かす。このとき，水素以外の気体が発生する。

希硝酸　$3Cu + 8HNO_3 \longrightarrow 3Cu(NO_3)_2 + 4H_2O + 2NO\uparrow$

濃硝酸　$Cu + 4HNO_3 \longrightarrow Cu(NO_3)_2 + 2H_2O + 2NO_2\uparrow$

熱濃硫酸　$Cu + 2H_2SO_4 \longrightarrow CuSO_4 + 2H_2O + SO_2\uparrow$

濃硝酸と濃塩酸を，体積比 1：3 の割合で混合したものを**王水**（おうすい）という。酸化力が強く，イオン化傾向の小さい Au や Pt も溶かすことができる。

➲塩化鉛(Ⅱ)と硫酸鉛(Ⅱ)

$PbCl_2$ および $PbSO_4$ は白色沈殿物であり，水に溶けない。Pb は，希硝酸や，酸素があると酢酸には溶けるが，希塩酸や希硫酸にはほとんど溶けない。これは，表面に水に不溶の $PbCl_2$，$PbSO_4$ を生じるからである。

➲水との反応

Li，K，Ca，Na のようなアルカリ金属・Be，Mg を除くアルカリ土類金属の単体は常温で水と激しく反応して，強塩基が生成し，水素を発生する。

$$2Na + 2H_2O \longrightarrow 2NaOH + H_2 \uparrow$$

➲トタンとブリキ

金属やプラスチックなどの表面を，他の金属の薄膜でおおうことを**めっき**という。鉄にめっきを施した鋼板として，トタンやブリキがある。

めっき鋼板	めっきする金属	イオン化傾向	用途
トタン	亜鉛	Zn＞Fe	屋根，バケツ
ブリキ	スズ	Fe＞Sn	缶詰の缶

いずれも，めっきした金属が Fe の腐食を防いでいる。トタンに傷がついた場合には，イオン化傾向の大きい Zn が先に溶け出し，Fe の腐食を防ぐはたらきがある。

■不動態

Al，Fe，Ni を濃硝酸に加えると，表面にち密な酸化被膜ができて，それ以上反応が進行しなくなる。このような状態を**不動態**（ふどうたい）という。

たとえば，Fe は希硝酸に溶け，イオン化する。しかし，濃硝酸に対しては，表面に酸化被膜を形成し不動態となるので，それ以上反応が進行しなくなる。

また，アルミニウムは空気中で表面に酸化アルミニウムの被膜を形成するが，さらに人工的に酸化して酸化被膜を厚くしたものを**アルマイト**という。

赤シートCHECK

☑ Cu や Ag は酸化作用のある酸に溶け，水素以外の気体を発生する。
☑ Au や Pt は水，酸素，酸，塩基とは反応しないが，王水に溶ける。
☑ Li，K，Ca，Na は常温の水と反応する。
☑ Al や Fe を濃硝酸に加えると，表面に酸化被膜をつくり不動態となる。

標準マスター

解法 Pick Up

次に示すイオン化列を参考にして，下の記述①～④のうちから，**誤りを含むもの**を一つ選べ。

イオン化列　Li K Ca Na Mg Al Zn Fe Ni Sn Pb (H) Cu Hg Ag Pt Au

① Li から Na までの金属は，すべて冷水と反応する。

② Li から Sn までの金属は，すべて希硫酸と反応する。

③ Cu から Au までの金属は，いずれも濃硝酸とは反応しない。

④ Cu から Au までの金属は，すべて王水と反応する。

解説

理想の彼(Li，Na(ソディウム)，K)は　水と反応

① [○] イオン化傾向が大きい Li ～ Na の金属は，冷水と反応して水素を発生し，塩基性の水溶液になる。

② [○] イオン化傾向が水素(H)より大きい金属は，希硫酸に溶けて水素を発生する。ただし，Pb は H よりイオン化傾向が大きいが，水に不溶の硫酸鉛(Ⅱ) $PbSO_4$ を表面に生成するので溶けない。

③ [×] Cu，Hg，および Ag は，酸化作用のある濃硝酸に溶けて NO_2 を発生する。Pt と Au は濃硝酸には溶けない。

④ [○] Cu ～ Au の金属は，いずれも王水と反応する。

正解 [③]

Column ≫ アルカリ金属

アルカリ金属の単体は，反応性に富み，常温で水と激しく反応する。エタノールとも穏やかに反応する。原子番号が大きいものほど反応性が大きく，Li と水との反応は比較的穏やかである。

Li，Na，K の密度は 1.0 g/cm³ 以下だから，Na や K の小片を水に入れると水面を激しく動き回り，発火することもある。いずれも灯油中に保存するが，密度が 0.53 g/cm³ の Li は灯油にも浮いている。

いずれも炎色反応(Li；赤，Na；黄，K；紫)を示す。また，第一イオン化エネルギーが小さく，1 価の陽イオンになりやすいので，単体は強い還元作用を示す。

Work Shop

解答は別冊 32 ページ

73 金属と酸の反応に関する記述として**誤りを含むもの**を，次の①～⑥のうちから一つ選べ。

① アルミニウムは，希硝酸に溶ける。
② 鉄は，希硝酸には溶けるが，濃硝酸には溶けない。
③ 銅は，希硝酸と濃硝酸のいずれにも溶ける。
④ 亜鉛は，希硫酸と希塩酸のいずれにも溶ける。
⑤ 銀は，熱濃硫酸に溶ける。
⑥ 金は，希硝酸には溶けないが，濃硝酸には溶ける。

74 次の記述(**ア**～**ウ**)に当てはまる金属(A ～ C)のイオン化傾向の大小関係を正しく示しているものはどれか。下の①～⑥のうちから一つ選べ。

ア A は室温の水と反応するが，C は反応しない。
イ B は室温の水とは反応しないが，高温の水蒸気とは反応する。
ウ C の塩化物の水溶液に B を入れると，C が析出する。

① A＞B＞C　② A＞C＞B　③ B＞A＞C
④ B＞C＞A　⑤ C＞A＞B　⑥ C＞B＞A

75 鉄とアルミニウムの性質に関する記述として**誤りを含むもの**を，次の①～⑥のうちから二つ選べ。ただし，解答の順序は問わない。

① 鉄は，濃硝酸に浸すと，はげしく反応して溶解する。
② 鉄は，亜鉛でめっきすると，さびにくくなる。
③ 鉄はアルミニウムより密度が小さい。
④ アルミニウムは，塩酸に溶けて，3 価の陽イオンになる。
⑤ アルミニウムの粉末は，空気中で強熱すると，熱と光を放って燃える。
⑥ アルミニウムの酸化物は，両性酸化物である。

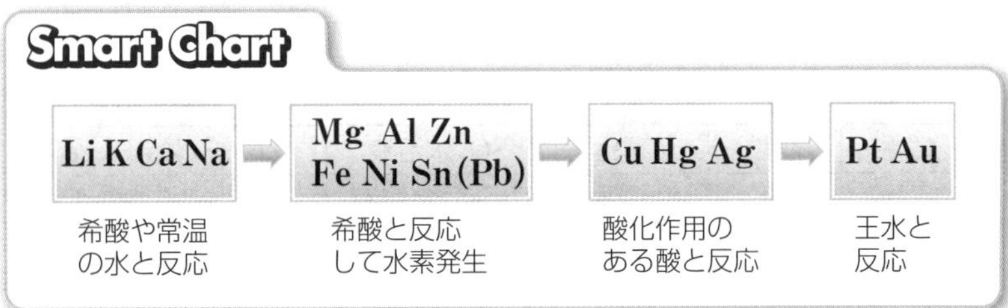

POINT

5-5 酸化還元反応の利用

■金属の製錬

金属が天然に単体で存在することはまれで，多くが酸化物や硫化物として存在する。これらの原料から，酸化還元反応を利用して金属を得る。

➲鉄

赤鉄鉱（せきてっこう）(主成分 Fe_2O_3)などの鉄鉱石に，コークスCと石灰石を加えて熱風を送り，**銑鉄**（せんてつ）を得る。さらに，炭素の含有率を下げて**鋼鉄**（こうてつ）を製造する。

➲銅

黄銅鉱（おうどうこう）(主成分 $CuFeS_2$)などの原料を還元して粗銅（そどう）をつくり，これを**電解精錬**（でんかいせいれん）により純度を高めて，純銅を製造する。

➲アルミニウム

アルミナ(主成分 Al_2O_3)に氷晶石（ひょうしょうせき）を加えて融解したものを，電気分解(**溶融塩電解**（ようゆうえんでんかい）)して製造する。

■化学電池

酸化還元反応の化学エネルギーを電気エネルギーに変換して取り出す装置。

負極（ふきょく）……電子が流れ出す電極。酸化される
正極（せいきょく）……電子が流れ込む電極。還元される
（e^- の流れ：負極→正極）(電流は逆向き)

起電力（きでんりょく）…両極間に生じる電位差(単位；V（ボルト）)。負極・正極に金属を用いた場合，金属のイオン化傾向の差が大きいほど，起電力は大きい。

放電（ほうでん）……電池から電流を取り込むこと。起電力は次第に低下する。
充電（じゅうでん）……電池に，放電とは逆向きの電流を流し，起電力を回復させる操作。

■ダニエル電池

右のような構造の一次電池。放電により，負極側の水溶液は濃度が大きく，正極側の水溶液の濃度は小さくなる。

素焼き板…正極側と負極側の電解液の混合を防ぎつつ，Zn^{2+} や SO_4^{2-} を通すことで，電気的に接続する役割。

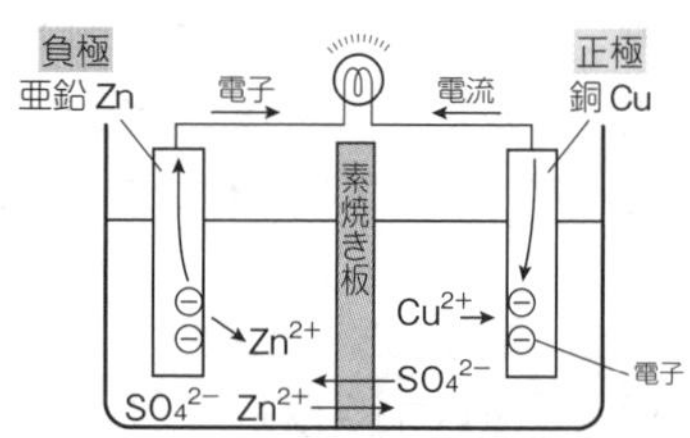

	電極	電解液	半反応式
負極	亜鉛	硫酸亜鉛 $ZnSO_4$ 水溶液	$Zn \longrightarrow Zn^{2+} + 2e^-$
正極	銅	硫酸銅(Ⅱ)$CuSO_4$ 水溶液	$Cu^{2+} + 2e^- \longrightarrow Cu$

一次電池

放電のみを行い，充電はできない電池。

一次電池の名称	負極	電解液	正極	起電力〔V〕
マンガン乾電池 *1	Zn	$ZnCl_2aq$ NH_4Claq	MnO_2，C	1.5
酸化銀電池	Zn	KOHaq	Ag_2O	1.55
リチウム電池	Li	リチウム塩＋有機溶媒	$(CF)_n$ または MnO_2	3.0

＊1　アルカリマンガン乾電池は電解液に KOHaq を用いる（aq（アクア）は水溶液を表す）。

二次電池

繰り返し，放電・充電ができる電池。

二次電池の名称	負極	電解液	正極	起電力〔V〕
鉛蓄電池（なまりちくでんち）*2	**Pb**	**H_2SO_4aq**	**PbO_2**	2.0
ニッケル・カドミウム電池 *3	Cd	KOHaq	NiO(OH)	1.3
リチウムイオン電池	Li 化合物	リチウム塩＋有機溶媒	$LiCoO_2$	約 4

＊2　$Pb + PbO_2 + 2H_2SO_4 \xrightleftharpoons{2e^-} 2PbSO_4 + 2H_2O$（充電は逆反応）

$PbSO_4$ は白色沈殿物として両電極に付着する。充電は直流電源の ＋ を正極に，－ を負極につなぎ，上の反応式の左向きの反応を起こす。

＊3　負極に水素吸蔵（きゅうぞう）合金を用いるニッケル・水素電池に置き換えられている。

その他の電池

	負極	電解液	正極	起電力〔V〕
燃料電池	**H_2**	**H_3PO_4aq**	**O_2**	1.2

負極　$H_2 \longrightarrow 2H^+ + 2e^-$　（酸化反応）

正極　$O_2 + 4H^+ + 4e^- \longrightarrow 2H_2O$　（還元反応）

全体　$2H_2 + O_2 \longrightarrow 2H_2O$　（水の電気分解の逆反応）

赤シートCHECK

☑鉄鉱石を<u>コークス</u>で還元して銑鉄を得る。
☑酸化作用を利用した漂白剤として，塩素系の <u>NaClO</u> がある。
☑還元作用を利用した漂白剤として，<u>SO_2</u> がある。
☑電池の負極では<u>酸化</u>反応，正極では<u>還元</u>反応が起こる。
☑充電が可能な電池を<u>二次電池</u>という。

標準マスター

解法 Pick Up

Fe_2O_3をコークス(主に炭素C)で還元する。この還元で，コークスはいったん酸素で酸化され一酸化炭素になった後，この一酸化炭素がFe_2O_3を還元することで鉄が得られ，同時に二酸化炭素も生成する。この反応を，原料と生成物に着目してまとめると，次の反応式で表すことができる。

$$2Fe_2O_3+6C+3O_2 \longrightarrow 4Fe+6CO_2$$

この反応式をもとにすると，28gの鉄を得るとき生成する二酸化炭素の質量は何gか。最も適当な数値を，次の①～⑥のうちから一つ選べ。ただし，原子量は，C＝12，O＝16，Fe＝56とする。

① 29　② 33　③ 44　④ 66　⑤ 132　⑥ 264

解説

Fe＝56より，28gの鉄の物質量は

$$\frac{28\,\text{g}}{56\,\text{g/mol}}=0.50\,\text{mol}$$

化学反応式の係数比より，FeとCO_2の物質量比は4：6＝2：3である。よって，生成するCO_2の物質量は

$$0.50\,\text{mol}\times\frac{3}{2}=0.75\,\text{mol}$$

となる。CO_2＝44より，CO_2 0.75molの質量は

$$0.75\,\text{mol}\times 44\,\text{g/mol}=33\,\text{g}$$

正解 [②]

Column ≫ バッテリー

野球で，ピッチャーとキャッチャーをあわせてバッテリーという。電池も英語ではbatteryであり，語源は同じ。負極（−）でピッチャーがボール（e^-）を投げ，正極（＋）でキャッチャーが受け取る。負極は酸化され，正極は還元される。ピッチャーが還元剤で，キャッチャーが酸化剤といってもよい。

そういえば，マウンドにある白いプレートは「−」のようにも見えるし，一塁線と三塁線が交わるホームベースは「＋」のようでもある。

Work Shop

解答は別冊 33 ページ

76 酸化還元反応が関係する記述として**適当でないもの**を，次の①～⑥のうちから一つ選べ。

① 鉄粉を用いた簡易カイロを用いて暖を取った。
② 石油ストーブを用いて部屋を暖房した。
③ 銅像の表面がさびて緑色になった。
④ ビーカーに入った食塩水を放置したところ，結晶が生じた。
⑤ 鉄鉱石をコークスとともに加熱して鉄を取り出した。
⑥ 燃料電池を用いて電気エネルギーを取り出した。

77 ある電解質の水溶液に，電極として2種類の金属を浸し，電池とする。この電池に関する記述(A～C)について，［ア］～［ウ］に当てはまる語の組合せとして最も適当なものを，下の①～⑧のうちから一つ選べ。

A イオン化傾向のより小さい金属が［ア］極となる。
B 放電させると［イ］極で還元反応が起こる。
C 放電によって電極上で水素が発生する電池では，その電極が［ウ］極である。

	ア	イ	ウ
①	正	正	正
②	正	正	負
③	正	負	正
④	正	負	負
⑤	負	正	正
⑥	負	正	負
⑦	負	負	正
⑧	負	負	負

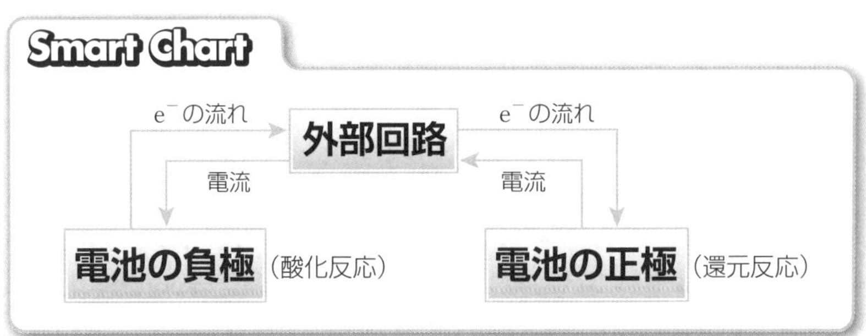

解答は別冊 34 ページ

78 $K_4[Fe(CN)_6]$ 中の Fe と同じ酸化数の金属原子をもつものを，次の①～⑤のうちから一つ選べ。

① CuO　② Fe_2O_3　③ K_2CrO_4
④ $K_2Cr_2O_7$　⑤ MnO_2

79 次の酸化還元反応**ア**～**エ**のうち，下線を引いた物質が酸化剤としてはたらいているものはいくつあるか。その数を下の①～⑤のうちから一つ選べ。

ア $\underline{Cu}+2H_2SO_4 \longrightarrow CuSO_4+SO_2+2H_2O$
イ $\underline{SnCl_2}+Zn \longrightarrow Sn+ZnCl_2$
ウ $\underline{Br_2}+2KI \longrightarrow 2KBr+I_2$
エ $2\underline{KMnO_4}+5H_2O_2+3H_2SO_4 \longrightarrow 2MnSO_4+5O_2+K_2SO_4+8H_2O$

① 1　② 2　③ 3　④ 4　⑤ 0

80 水溶液中のシュウ酸の濃度は，酸化還元滴定と中和滴定のいずれによっても求めることができる。硫酸酸性水溶液中でのシュウ酸と過マンガン酸カリウムの酸化還元反応は，次の式で表される。

$$5(COOH)_2+2KMnO_4+3H_2SO_4 \longrightarrow 10CO_2+2MnSO_4+K_2SO_4+8H_2O$$

また，シュウ酸と水酸化ナトリウムの中和反応は，次の式で表される。

$$(COOH)_2+2NaOH \longrightarrow (COONa)_2+2H_2O$$

濃度未知のシュウ酸水溶液 A 25 mL に十分な量の硫酸水溶液を加えて，0.050 mol/L 過マンガン酸カリウム水溶液で滴定すると，過マンガン酸カリウムによる薄い赤紫色が消えなくなるまでに 20 mL を要した。このシュウ酸水溶液 A 25 mL を過不足なく中和するには，0.25 mol/L 水酸化ナトリウム水溶液が何 mL 必要か。最も適当な数値を，次の①～⑥のうちから一つ選べ。

① 4.0　② 8.0　③ 10　④ 20　⑤ 40　⑥ 80

81

濃度未知の $SnCl_2$ の硫酸酸性水溶液 200 mL がある。これを 100 mL ずつに分け，それぞれについて Sn^{2+} を Sn^{4+} に酸化する実験を行った。

一方の $SnCl_2$ 水溶液中のすべての Sn^{2+} を Sn^{4+} に酸化するのに，0.10 mol/L の $KMnO_4$ 水溶液が 30 mL 必要であった。もう一方の $SnCl_2$ 水溶液中のすべての Sn^{2+} を Sn^{4+} に酸化するとき，必要な 0.10 mol/L の $K_2Cr_2O_7$ 水溶液の体積は何 mL か。最も適当な数値を，下の①～⑤のうちから一つ選べ。ただし，MnO_4^- と $Cr_2O_7^{2-}$ は硫酸酸性溶液中でそれぞれ次のように酸化剤としてはたらく。

$$MnO_4^- + 8H^+ + 5e^- \longrightarrow Mn^{2+} + 4H_2O$$
$$Cr_2O_7^{2-} + 14H^+ + 6e^- \longrightarrow 2Cr^{3+} + 7H_2O$$

① 5　② 18　③ 25　④ 36　⑤ 50

82

図に示すように，素焼き板で仕切った容器の一方に金属 **a** とその硝酸塩水溶液（1 mol/L），他方に金属 **b** とその硝酸塩水溶液（1 mol/L）を入れて電池をつくった。金属 **b** が正極となり，しかも起電力が最も大きくなる金属の組合せを，右の①～⑤のうちから一つ選べ。

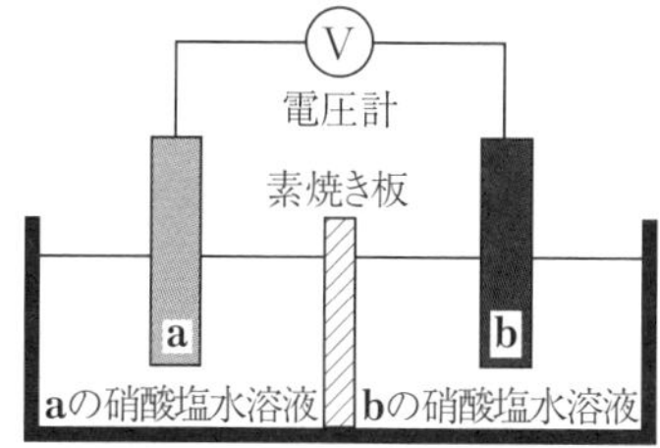

	a	b
①	銅　Cu	銀　Ag
②	亜鉛 Zn	銀　Ag
③	鉛　Pb	銅　Cu
④	銀　Ag	鉛　Pb
⑤	銀　Ag	亜鉛 Zn

83

水素を燃料とする燃料電池に関して，次の文章中の空欄（ ア ・ イ ）に当てはまる語句および数値の組合せとして最も適当なものを，右の①～⑧のうちから一つ選べ。

負極では ア 反応が起こる。これと正極で起こる反応をまとめると次の式になる。

$$2H_2 + O_2 \longrightarrow 2H_2O$$

この電池で 2 mol の水素を完全に反応させると， イ mol の電子が外部の回路を流れる。

	ア	イ
①	水素の酸化	1
②	水素の酸化	2
③	水素の酸化	4
④	水素の酸化	8
⑤	酸素の還元	1
⑥	酸素の還元	2
⑦	酸素の還元	4
⑧	酸素の還元	8

特集 計算問題　処理のコツ　その2

酸と塩基，酸化還元の範囲でも，多くの計算問題が出題されている。物質量，係数比，濃度に加えて，価数を考慮すれば解決する問題がほとんどであり，計算もさほど複雑ではない。もちろん，化学反応式がわかれば，係数比を用いて解決することもできる。ここでは，イオン化傾向や電池に関わる計算問題を例にして，選択肢の見方や概数計算を紹介する。

> 3.0 g の亜鉛板を硝酸銀水溶液に浸したところ，亜鉛が溶解して銀が析出した。溶解せずに残った亜鉛の質量が 1.7 g のとき，析出した銀の質量は何 g か。最も適当な数値を，次の①～⑤のうちから一つ選べ。ただし，原子量は Zn＝65，Ag＝108 とする。
>
> ① 1.1　② 2.2　③ 2.8　④ 4.3　⑤ 5.0

解説

イオン化傾向の大きい亜鉛が溶け出し，イオン化傾向の小さい銀が析出する。亜鉛イオンは Zn^{2+}，銀イオンは Ag^{+} である。

$$1\,Zn + 2Ag^{+} \longrightarrow Zn^{2+} + 2\,Ag$$

係数比より，1 mol の Zn が溶け出すと，2 mol の Ag が析出する。

溶解した Zn(＝65) の物質量は

$$\frac{3.0\ \mathrm{g} - 1.7\ \mathrm{g}}{65\ \mathrm{g/mol}} = \frac{1.3}{65}\ \mathrm{mol}$$

析出した Ag(＝108) の質量は，イオン反応式の係数比より

$$\frac{1.3}{65}\ \mathrm{mol} \times 2 \times 108\ \mathrm{g/mol} = 4.32\ \mathrm{g} \fallingdotseq 4.3\ \mathrm{g} \quad \cdots\cdots(1)$$

正解 [④]

計算処理のコツ

選択肢は，②と③を除いて一の位の数値が異なっている。②は 2 に近く，③は 3 に近い。つまり，一の位の数値が求められれば，正解の見当がつけられる。

大胆に 108 を 100 とみなすと，(1)式は次のように計算できる。

$$\frac{1.3}{65} \times 2 \times 108 \fallingdotseq \frac{1}{50} \times 2 \times 100 = 4$$

分子を正確な値より小さくみなしているので，正確な値は 4 より少し大きくなるはずである。イオン反応式の係数比を忘れて計算する場合もあるから，正解のほぼ半分の数値の誤答も入っていると予想できる。

水素を吸収する合金がある。このニッケル合金に水素を吸収させたところ，質量が 0.30 % 増加した。この合金の 1 cm^3 は，0°C，1.013×10^5 Pa（標準状態）の水素を何 mL 吸収したか。最も適当な数値を，次の①～⑤のうちから一つ選べ。ただし，この合金の密度を 8.3 g/cm^3，原子量は H＝1.0 とする。

① 28　② 56　③ 140　④ 280　⑤ 560

ニッケル・水素電池は，負極に水素吸蔵（きゅうぞう）合金を使用した二次電池である。

この合金 1 cm^3 の質量は，（質量）＝（密度）×（体積）より

$$8.3\ \mathrm{g/cm^3}\times1\ \mathrm{cm^3}=8.3\ \mathrm{g}$$

吸収した水素の質量は，合金の質量増加量に相当するので

$$8.3\ \mathrm{g}\times\frac{0.30}{100}=0.0249\ \mathrm{g}$$

この水素（H_2＝2.0）の物質量は

$$\frac{0.0249\ \mathrm{g}}{2.0\ \mathrm{g/mol}}=0.01245\ \mathrm{mol}$$

0°C，1.013×10^5 Pa の気体 1 mol の体積は 22.4×10^3 mL より，水素の体積は

$$0.01245\ \mathrm{mol}\times22.4\times10^3\ \mathrm{mL/mol}=278\ \mathrm{mL}\fallingdotseq280\ \mathrm{mL}$$

正解［④］

計算処理のコツ

選択肢①～⑤の数値は，2 桁または 3 桁である。また，先頭の位の数字は，1，2，5 に限られている。桁数と先頭の数字がわかるところまで計算すれば，正解は導かれるだろう。計算式は次のとおり。

$$\frac{8.3\times1\times\frac{0.30}{100}}{2.0}\times22.4\times10^3$$

$$=\frac{8.3\times1\times\frac{3.0}{1000}}{2.0}\times22.4\times10^3$$

$\frac{0.30}{100}$ の分子と分母を 10 倍すると，1000 は 10^3 と約分できる

$$=\frac{8.3\times3.0}{2.0}\times22.4$$

8.3×3.0 を，暗算で約 25 とみなす

$$\fallingdotseq\frac{25}{2.0}\times22.4$$

$\frac{22.4}{2.0}$ を，大胆にも少し小さく 10 とみなす

暗算で，25×10＝250 と求められる。これより，答は 3 桁で，先頭の数字が 2 であることはわかる。正確な値よりやや小さく見積もっているので，これより少し大きい280 が正解である。選択肢の①と②は 10^3 の計算処理ミス，③と⑤は H_2 の分子量の処理ミスなどを想定していると考えられる。

POINT

6-1 身のまわりの化学

■主な物質と用途

➲無機物質の利用

分類	物質など	用途など
主な金属	**銀** **銅** **鉄** **アルミニウム**＊1	感光材(フィルム) 電線，屋根(緑青(ろくしょう))，硬貨　緑色のさび 建造物，レール，使い捨てカイロ 一円硬貨，缶，サッシ
合金＊2	**ジュラルミン** **ステンレス**	航空機，金属バット 包丁，流し台
炎色反応	**アルカリ金属，Be と Mg を除くアルカリ土類金属，銅**	花火 「Li；赤，Na；黄，K；紫，Cu；青緑，Ca；橙，Sr；紅，Ba；黄緑」 (リ アカー な き K 村 動 力 借りる と するも貸してくれない 馬 力でやろう)
金属以外の無機物質	**炭素** **重そう(炭酸水素ナトリウム)** **炭酸ナトリウム** **二酸化ケイ素** **炭酸カルシウム** **焼きセッコウ** **アンモニア** **貴ガス** **ヨウ素**	鉛筆の芯，電極 ふくらし粉 ガラス＊3 ガラス，水晶 大理石，チョーク 建築材料 肥料 電球などの封入ガス うがい薬，ヨウ素でんぷん反応

＊1　アルミニウムを再利用(リサイクル)して製造する場合，鉱石からつくる場合の3％のエネルギーで済む。

＊2　合金…金属に他の金属や非金属を融かし合わせたもの。優れた性質あり。

＊3　セラミックス…ガラス，セメント，陶磁器などの無機物質を焼き固めた製品。

➲有機化合物の利用

分類	物質など	用途など
食品関係	**油脂(ゆし)** **安息香酸(あんそくこうさん)**，ソルビン酸 **ビタミンC** アスパルテーム，スクラロース	セッケン，マーガリンの原料＊4 食品防腐剤 酸化防止剤 人工甘味料＊5
その他	**ナフタレン**	防虫剤

＊4　水素を付加して固めた硬化油(こうかゆ)がマーガリンの原料となる。

＊5　サトウキビから得られるスクロース(ショ糖)は，天然の甘味料である。

➲高分子化合物の利用

合成高分子化合物（**プラスチック**）*6	**ポリエチレン**(PE) **ポリエチレンテレフタラート**(PET) **ナイロン** 尿素樹脂，メラミン樹脂	包装材，容器 衣料品，容器 繊維，ロープ，ストッキング 調理器具，家電製品

＊6　合成高分子化合物は，原料となる分子量の小さい分子を多数結合させて合成する。この変化を**重合**（じゅうごう）という。

■その他の調剤

種類	物質など	特徴など
乾燥剤	**酸化カルシウム** **シリカゲル**	海苔や菓子の袋などに封入 吸着，脱臭
漂白剤*7	**さらし粉**	酸化・漂白・殺菌作用
洗剤*8	**セッケン** **合成洗剤**	弱塩基性。油脂を分解して得られる 中性。硬水でも洗浄力を維持

＊7　市販の塩素系漂白剤の主成分は，次亜塩素酸ナトリウム NaClO である。

＊8　洗剤の主成分である界面活性剤は，油となじみやすい親油性の部分と，水となじみやすい親水性の部分をもつ。洗剤を構成するイオンは，100 個程度が集合した**ミセル**という粒子をつくっている。

■環境問題

環境問題	原因など	原因物質
オゾン層の破壊	冷媒などの拡散	フロンガス
地球の温暖化	化石燃料の消費	CO_2 など温室効果ガス
大気汚染，酸性雨	排出ガス	硫黄酸化物 SO_x, 窒素酸化物 NO_x
水質汚染	富栄養化，赤潮	肥料(N，P)

プラスチックは自然界で分解されにくく，廃棄物が環境問題になっている。

赤シートCHECK

☑ジュラルミンは，**アルミニウム**を主成分とする軽い合金である。
☑ポリエチレンは，小さい分子であるエチレンを**重合**させて合成する。
☑セッケンや**合成洗剤**の主成分は，構造中に親油性の部分と親水性の部分をもつ。
☑市販の緑茶飲料には，**酸化防止剤**としてビタミン C が加えられている。

標準マスター

解法 Pick Up

身のまわりの材料に関する記述として下線部に**誤りを含むもの**を，次の①～⑤のうちから一つ選べ。

① 銅，鉄，アルミニウムに代表される金属は自由電子をもつので，高い電気伝導性・熱伝導性をもつ。

② 大理石の主成分は炭酸カルシウムであり，大理石の彫刻は酸性雨の被害を受けることがある。

③ 二酸化ケイ素は，けい砂などとして天然に存在し，けい砂はガラス製造などのケイ酸塩工業における原料として用いられている。

④ 焼きセッコウは，水を混ぜると固まる性質をもち，建築材料などに利用されている。

⑤ ポリエチレンは単結合と二重結合を交互にもつ高分子化合物であり，包装材や容器などに用いられている。

解説

① ［○］ 金属原子の価電子は，金属内を自由に動くことができ，これを自由電子という。自由電子が存在するため，金属は電気伝導性や熱伝導性にすぐれている。

② ［○］ 大理石は石灰岩が変化したもので，主成分は $CaCO_3$ である。

③ ［○］ SiO_2 は天然に石英，水晶，けい砂（しゃ）などとして存在する。

④ ［○］ 焼きセッコウ $CaSO_4 \cdot \frac{1}{2}H_2O$ に水を加えると，発熱しながらセッコウ $CaSO_4 \cdot 2H_2O$ になって固まる。

⑤ ［×］ ポリエチレンは，多数のエチレン $H_2C{=}CH_2$ が二重結合を開いて，$-CH_2-CH_2-$のようにすべて単結合した高分子化合物である。

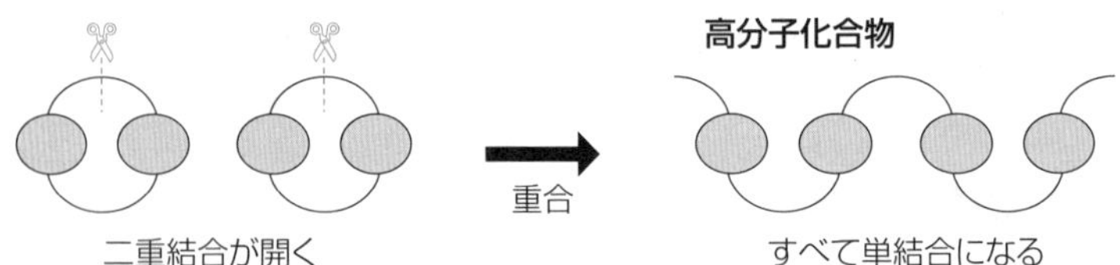

正解 ［⑤］

Work Shop

解答は別冊 38 ページ

84 身のまわりで利用されている物質に関する記述として，下線部に**誤りを含むもの**を，次の①～⑤のうちから一つ選べ。

① ナトリウムは炎色反応で黄色を呈する元素であるので，その化合物は花火に利用されている。

② 航空機の機体に利用されている軽くて強度が大きいジュラルミンは，アルミニウムを含む合金である。

③ ガラスはケイ砂，炭酸ナトリウム，石灰石などを原料にして製造する。

④ うがい薬に使われるヨウ素には，その気体を冷却すると，液体にならずに固体になる性質がある。

⑤ 塩素水に含まれている次亜塩素酸は還元力が強いので，塩素水は殺菌剤として使われる。

85 食品に関する記述として，下線部に**誤りを含むもの**を，次の①～⑥のうちから一つ選べ。

① 糖尿病などの患者は，スクロースの摂取量を制限される。そのため，人工甘味料としてアスコルビン酸(ビタミンC)が用いられている。

② 天ぷら油などの油脂に水酸化ナトリウム水溶液を加えて熱することで，セッケンができる。

③ 重曹(炭酸水素ナトリウム)を食酢に加えると，二酸化炭素が発生する。

④ 食塩(塩化ナトリウム)は，結晶では電気を通さないが，融解すると電気を通す。

⑤ 食品の防腐剤として利用されている安息香酸は，弱酸である。

⑥ ジャガイモなどに含まれるでんぷんの水溶液は，ヨウ素溶液(ヨウ素ヨウ化カリウム水溶液)を加えると青紫色に変化する。

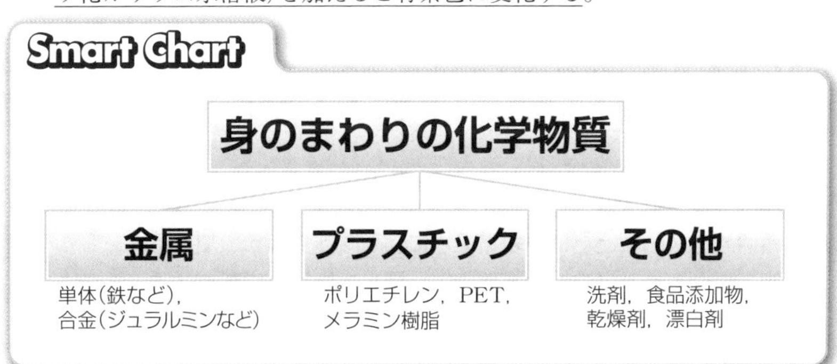

POINT

6-2 実験操作・薬品の保存

■化学実験の注意点

➲服装

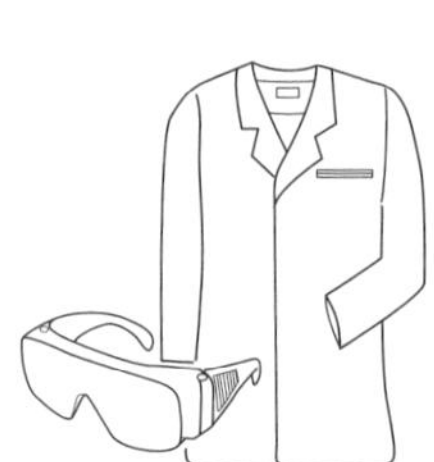

白衣や保護メガネを着用する

➲気体を扱う場合

有毒な気体を扱う場合はドラフト内で行う

においは手であおぎ寄せ，直接鼻を近づけない

➲加熱する場合

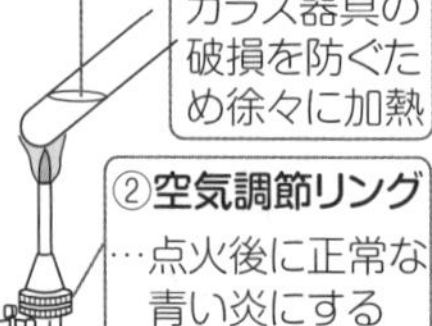

■薬品の取り扱い

➲濃硫酸の希釈

水　濃硫酸

多量の水に，濃硫酸をかきまぜながら少しずつ加える

➲濃硝酸

揮発性のため，蒸気を吸い込まないようにする（濃塩酸，アンモニアも同様）

➲水酸化ナトリウム

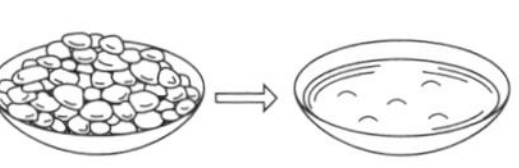

潮解（空気中に放置すると，水蒸気を吸収してその水に溶ける）するので，素早く秤量する

■薬品の保存

ナトリウム，カリウム	水と激しく反応するので，**石油中**に保存する
黄リン	自然発火するので**水中**に保存する
フッ化水素酸	ガラスと反応するので**ポリエチレン製容器**に保存する
過酸化水素	**冷暗所**に保存する
水酸化ナトリウム	**ポリエチレン製容器**，またはゴム栓の広口びんに保存する
濃硝酸，硝酸銀，AgX，$KMnO_4$	光によって分解するので，**褐色びん**に入れ冷暗所に保存する（AgX はハロゲン化銀；X＝Cl，Br，I）
有機溶媒	引火性があり，**冷所**に保存する

赤シートCHECK

- ☑濃硫酸を薄めるときは，多量の水に濃硫酸を少しずつ加える。
- ☑ナトリウムやカリウムは石油中に，黄リンは水中に保存する。
- ☑濃塩酸は揮発性，濃硫酸は不揮発性である。
- ☑濃硝酸やハロゲン化銀は，褐色びんに入れ，冷暗所に保存する。

標準マスター

解法 Pick Up

化学実験をする際の注意として**誤りを含むもの**を，次の①～⑤のうちから一つ選べ。

① 薬品のにおいをかぐときは，鼻を近づけずに手で気体をあおぎよせる。
② 重金属イオンを含む水溶液は，流しに捨てずに廃液だめに集める。
③ 希硫酸をつくるときには，濃硫酸に少しずつ水を加えてうすめる。
④ 実験するときには，保護(防護)めがねを着用する。
⑤ 薬品がむだになるばかりでなく危険が増大することもあるので，実験に必要な量より多くの薬品を用いない。

解説

① [○] 薬品には，揮発性のもの，強い刺激臭をもつものなどがある。
② [○] 重金属イオンが流れ出すと，環境が汚染される。
③ [×] 多量の発熱により，水が沸騰して濃硫酸とともに飛散する危険性がある。かき混ぜながら，水に濃硫酸を少しずつ加える。

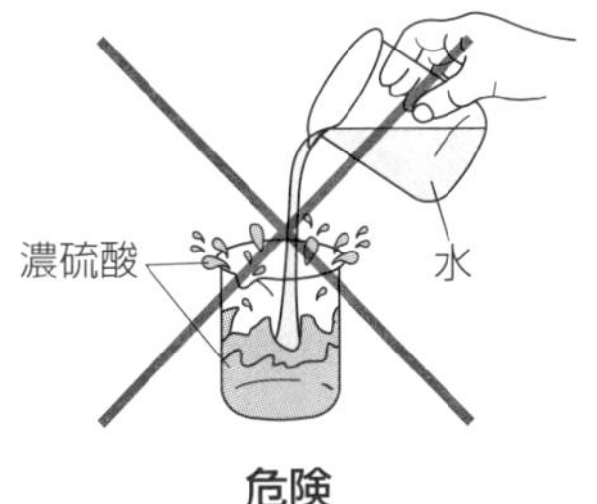

危険

④ [○] 薬品の飛散から身を守るため，保護メガネを着用する。
⑤ [○] 不慮の事故を避け，廃棄物を少なくするためにも，必要最小限の薬品を使用する。

正解 [③]

Work Shop

解答は別冊 39 ページ

86 化学実験の操作として正しいものを，次の①～⑥のうちから一つ選べ。

① てんびんを使って粉末状の薬品をはかり取るときには，てんびんの皿の上に直接薬品をのせる。

② ビーカー内で起こっている反応の様子は，ビーカーの真上からのぞき込んで観察する。

③ 加熱している液体の温度を均一にするには，液体を温度計でかき混ぜる。

④ ガスバーナーに点火するときには，先に空気調節ねじを開いてからガス調節ねじを開く。

⑤ 成分がわからない液体をホールピペットで吸い上げるときには，安全ピペッターを用いる。

⑥ 水酸化ナトリウムの水溶液が皮膚や粘膜についたら，すぐに大量の希塩酸で十分に洗う。

87 化学薬品の保存と取扱いに関する記述として**誤りを含むもの**を，次の①～⑥のうちから一つ選べ。

① 単体のナトリウムは，石油中に保存する。

② 単体のカルシウムは，水中に保存する。

③ ハロゲン化銀は，褐色試薬びんに保存する。

④ フッ化水素酸は，ゴム手袋を着用して取り扱う。

⑤ 水酸化カリウムは，はかり取るとき手早く扱う。

⑥ 硫化水素や塩素は有毒気体なので，吸い込まないように工夫する。

解答は別冊 40 ページ

88 アルミニウムを鉱石から取り出すためには，鉄よりも多くのエネルギーを必要とする。しかし，アルミニウムは，鉄より融点が低いので，そのリサイクルに必要なエネルギーは鉄より少ない。表に示す条件において，鉄 1kg をリサイクルしたとき，鉱石からつくり出すのに必要な総エネルギーは図のグラフで表される。アルミニウム 1kg を何回以上リサイクルしたとき，鉱石からつくり出すのに必要な総エネルギーが鉄より少なくなるか。最も適当なものを，下の①～⑤のうちから一つ選べ。

	金属 1kg を鉱石からつくり出すのに必要なエネルギー(kWh)	金属 1kg を 1 回リサイクルするのに必要なエネルギー(kWh)
鉄	3	1
アルミニウム	20	0.6

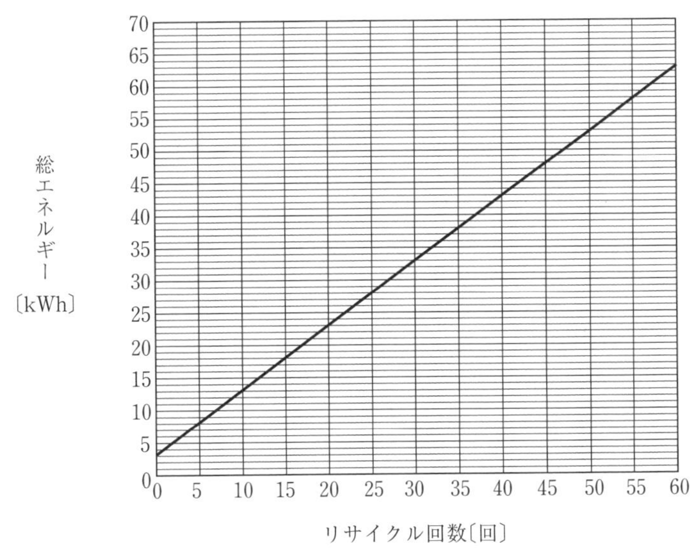

鉄 1kg のリサイクルに必要な総エネルギー（リサイクル回数 0 回の総エネルギーは，鉱石からつくり出すのに必要なエネルギーを表す）

① 34　② 40　③ 43　④ 50　⑤ 58

POINT 7-1 読解問題のツボ

化学基礎の大学入学共通テスト(以下 共通テスト)の特徴の一つに，資料をその場で理解して答える問題がある。資料の読解には時間がかかるため，限られた時間内で解答を終えるには，共通テストに有効な解法をある程度身につけておく必要がある。ここでは，このような問題を効率的に解く方法を紹介する。

■解けない問が出てきても諦めない

化学に限らず，理系科目では，途中の設問が解けなかったり，ミスをしたりすると，その後にある設問も雪崩式に失点してしまうということが起こりやすい。しかし，共通テストは，このような失点が起こりにくい構造になっていることが多い。つまり，同じリード文に関する設問であっても，設問どうしは連関がなく，単独で解けるものである可能性が高い。

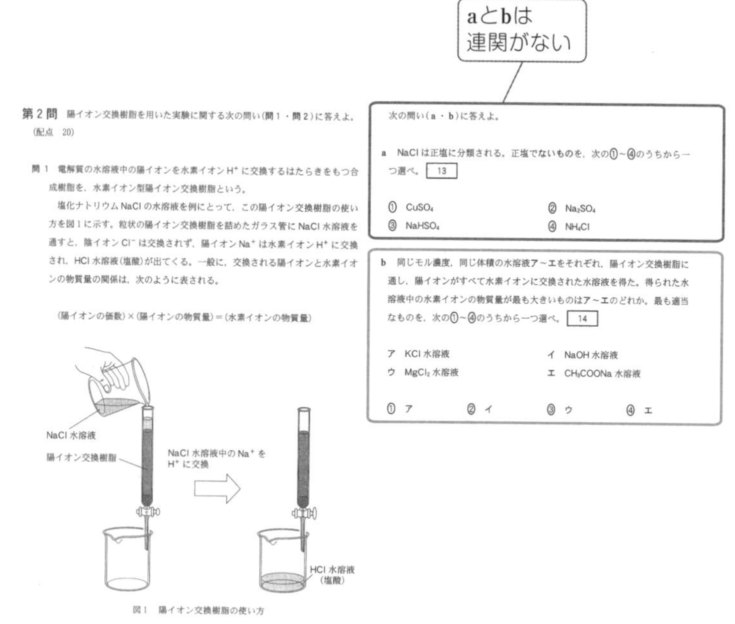

第2問 陽イオン交換樹脂を用いた実験に関する次の問い(問1・問2)に答えよ。(配点 20)

問1 電解質の水溶液中の陽イオンを水素イオン H^+ に交換するはたらきをもつ合成樹脂を，水素イオン型陽イオン交換樹脂という。

塩化ナトリウム NaCl の水溶液を例にとって，この陽イオン交換樹脂の使い方を図1に示す。粒状の陽イオン交換樹脂を詰めたガラス管に NaCl 水溶液を通すと，陰イオン Cl^- は交換されず，陽イオン Na^+ は水素イオン H^+ に交換され，HCl 水溶液(塩酸)が出てくる。一般に，交換される陽イオンと水素イオンの物質量の関係は，次のように表される。

(陽イオンの価数)×(陽イオンの物質量)＝(水素イオンの物質量)

図1 陽イオン交換樹脂の使い方

次の問い(a・b)に答えよ。

a NaCl は正塩に分類される。正塩でないものを，次の①～④のうちから一つ選べ。 13

① $CuSO_4$　② Na_2SO_4
③ $NaHSO_4$　④ NH_4Cl

b 同じモル濃度，同じ体積の水溶液ア～エをそれぞれ，陽イオン交換樹脂に通し，陽イオンがすべて水素イオンに交換された水溶液を得た。得られた水溶液中の水素イオンの物質量が最も大きいものはア～エのどれか。最も適当なものを，次の①～④のうちから一つ選べ。 14

ア KCl 水溶液　イ NaOH 水溶液
ウ $MgCl_2$ 水溶液　エ CH_3COONa 水溶液

① ア　② イ　③ ウ　④ エ

■設問文を先に読む

さらに，リード文を読まずとも，設問文だけ読めば解答できるものがある。また，リード文を読む必要がある設問も，先に設問文に目を通しておき，必要になる情報を整理してからリード文を読むほうが効果的である。

むしろ，このような解き方をしなければ，時間切れになってしまう恐れがある。

■「リード文の内容は難しい」と心得る

一般的な傾向として，リード文が付されている場合，その内容は化学基礎の学習範囲を越えたものだと考えてよいだろう。化学を理解するうえで有用な内容ではあるのだが，すべて時間内に理解するのは難度が高い。先に述べたとおり，まずは設問文だけを読んで解ける問題を解き，残った時間でリード文を読み込む必要のある問題に取り組む，というのが現実的であろう。

「リード文を読解したうえで答える問であれば，教科学習をしなくてもよいのではないか？」と考える人もいるだろう。しかし，このようなリード文は，教科書の内容をしっかり理解していることを前提に書かれている。教科学習の負担が軽くなるわけではないことを心得ておきたい。

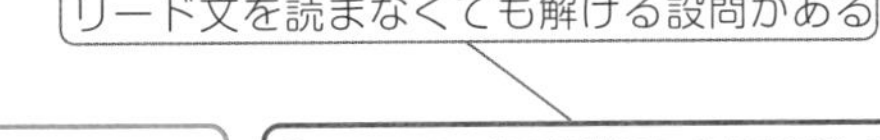

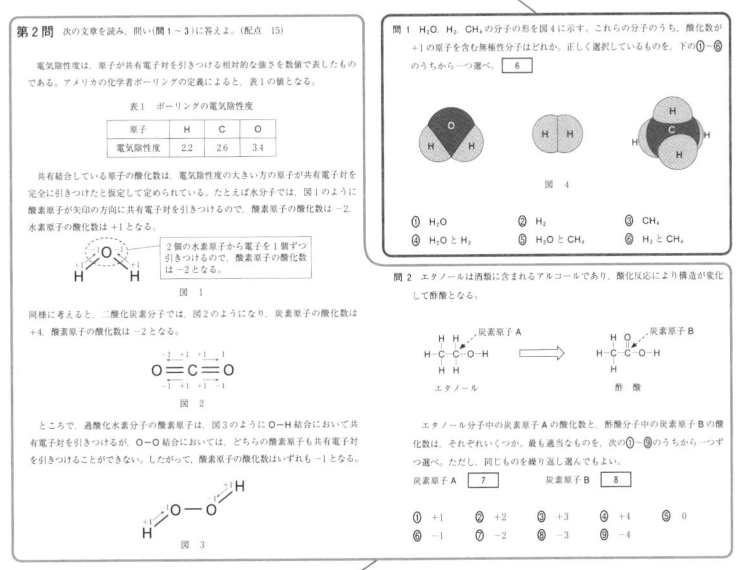

第2問 次の文章を読み，問い(問1～3)に答えよ。(配点 15)

電気陰性度は，原子が共有電子対を引きつける相対的な強さを数値で表したものである。アメリカの化学者ポーリングの定義によると，表1の値となる。

表1 ポーリングの電気陰性度

原子	H	C	O
電気陰性度	2.2	2.6	3.4

共有結合している原子の酸化数は，電気陰性度の大きい方の原子が共有電子対を完全に引きつけたと仮定して定められている。たとえば水分子では，図1のように酸素原子が矢印の方向に共有電子対を引きつけるので，酸素原子の酸化数は −2，水素原子の酸化数は +1 となる。

図 1

同様に考えると，二酸化炭素分子では，図2のようになり，炭素原子の酸化数は +4，酸素原子の酸化数は −2 となる。

図 2

ところで，過酸化水素分子の酸素原子は，図3のように O−H 結合において共有電子対を引きつけるが，O−O 結合においては，どちらの酸素原子も共有電子対を引きつけることができない。したがって，酸素原子の酸化数はいずれも −1 となる。

図 3

問 1 H_2O，H_2，CH_4 の分子の形を図4に示す。これらの分子のうち，酸化数が +1 の原子を含む無極性分子はどれか。正しく選択しているものを，下の①～⑥のうちから一つ選べ。 6

図 4

① H_2O ② H_2 ③ CH_4
④ H_2O と H_2 ⑤ H_2O と CH_4 ⑥ H_2 と CH_4

問 2 エタノールは酒類に含まれるアルコールであり，酸化反応により構造が変化して酢酸となる。

エタノール分子中の炭素原子 A の酸化数と，酢酸分子中の炭素原子 B の酸化数は，それぞれいくつか。最も適当なものを，次の①～⑨のうちから一つずつ選べ。ただし，同じものを繰り返し選んでもよい。

炭素原子 A 7 炭素原子 B 8

① +1 ② +2 ③ +3 ④ +4 ⑤ 0
⑥ −1 ⑦ −2 ⑧ −3 ⑨ −4

先に設問に目を通し，リード文の読むべき箇所を見極め

解法 Pick Up

図1のラベルが貼ってある3種類の飲料水X～Zのいずれかが，コップⅠ～Ⅲにそれぞれ入っている。どのコップにどの飲料水が入っているかを見分けるために，BTB（ブロモチモールブルー）溶液と図2のような装置を用いて実験を行った。その結果を次ページの表1に示す。

飲料水X

名称：ボトルドウォーター
原材料名：水(鉱水)

栄養成分(100 mL あたり)	
エネルギー	0 kcal
たんぱく質･脂質･炭水化物	0 g
ナトリウム	0.8 mg
カルシウム	1.3 mg
マグネシウム	0.64 mg
カリウム	0.16 mg
pH 値 8.8～9.4	硬度 59 mg/L

飲料水Y

名称：ナチュラルミネラルウォーター
原材料名：水(鉱水)

栄養成分(100 mL あたり)	
エネルギー	0 kcal
たんぱく質･脂質･炭水化物	0 g
ナトリウム	0.4～1.0 mg
カルシウム	0.6～1.5 mg
マグネシウム	0.1～0.3 mg
カリウム	0.1～0.5 mg
pH 値 約 7	硬度 約 30 mg/L

飲料水Z

名称：ナチュラルミネラルウォーター
原材料名：水(鉱水)

栄養成分(100 mL あたり)	
たんぱく質･脂質･炭水化物	0 g
ナトリウム	1.42 mg
カルシウム	54.9 mg
マグネシウム	11.9 mg
カリウム	0.41 mg
pH 値 7.2	硬度 約 1849 mg/L

図　1

表1　実験操作とその結果

	BTB 溶液を加えて色を調べた結果	図2の装置を用いて電球がつくか調べた結果
コップⅠ	緑	ついた
コップⅡ	緑	つかなかった
コップⅢ	青	つかなかった

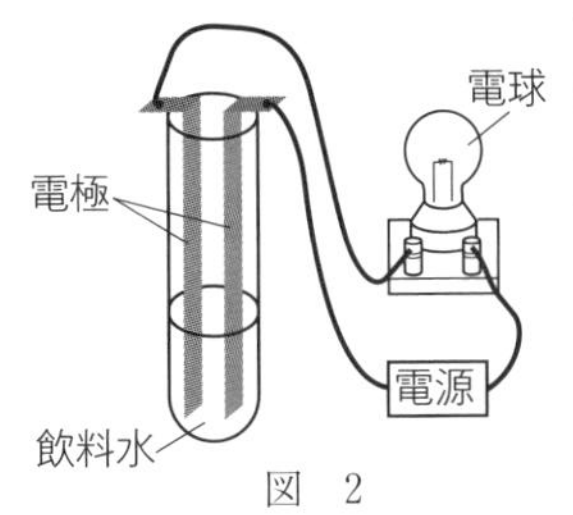

図　2

コップⅠ～Ⅲに入っている飲料水 **X** ～ **Z** の組合せとして最も適当なものを，次の①～⑥のうちから一つ選べ。ただし，飲料水 **X** ～ **Z** に含まれる陽イオンはラベルに示されている元素のイオンだけとみなすことができ，水素イオンや水酸化物イオンの量はこれらに比べて無視できるものとする。

	コップⅠ	コップⅡ	コップⅢ
①	X	Y	Z
②	X	Z	Y
③	Y	X	Z
④	Y	Z	X
⑤	Z	X	Y
⑥	Z	Y	X

解説

まず，実験データを細かく調べるのではなく，最後にある設問に目を通し，必要となる情報を洗い出しておく。

この問題では，コップⅠ～Ⅲに入っている飲料水を特定すればよいので，表1が鍵になることがわかる。表1は，飲料水の液性と，電導性(電気を通すかどうか)を調べた結果が示されているので，これに影響する情報を，図1から探し出せばよい。

液性…pH 値に注目。コップⅢのみが塩基性を示すので，pH 値が 8.8～9.4 の飲料水 **X** があてはまる。

電導性…イオンの濃度に注目。コップⅠのみが電導性を示すので，イオンの濃度が大きい(硬度が大きい)飲料水 **Z** があてはまる。

正解 [⑥]

Work Shop

解答は別冊 41 ページ

89 太郎は学校で，「海は地球表面の約 70％を占めており，地球における水の循環をはじめとする，さまざまな物質の循環に大きな役割を果たしている」と教えてもらった。図書館で海水の成分について調べたところ，参考にした書籍には，表 1 のように海水中の代表的なイオンの濃度が紹介されていた。さらに部屋にあったスポーツドリンクの成分表(表 2)を見て，海水中のイオンの濃度と比較してみた。

表 1

海水中の代表的なイオンの濃度（質量パーセント濃度）	
ナトリウムイオン	1.06
マグネシウムイオン	0.127
カルシウムイオン	0.040
カリウムイオン	0.038
塩化物イオン	1.89
硫酸イオン	0.265
臭化物イオン	0.0065

表 2

あるスポーツドリンクの成分表（100 mL あたり）	
エネルギー	16 kcal
タンパク質	0 g
脂　質	0 g
炭水化物	4 g
ナトリウムイオン	46 mg
カルシウムイオン	8 mg
カリウムイオン	6 mg
マグネシウムイオン	1 mg

問 1 海水とスポーツドリンクの濃度や成分について，次の文章中の空欄 [ア] ～ [ウ] に入る語や数値の組合せとして最も適当なものを，下の①～⑧のうちから一つ選べ。ただし，100 mL のスポーツドリンクの質量を 100 g とする。

海水とスポーツドリンク中のカリウムイオンの濃度は [ア] の方が高い。また，カルシウムイオンについて比較すると，海水 100 g に含まれているカルシウムイオンの質量はスポーツドリンク 100 mL に含まれる質量の約 [イ] 倍である。一方，このスポーツドリンクのエネルギーは成分中の [ウ] によるものである。

	ア	イ	ウ
①	スポーツドリンク	5	炭水化物
②	スポーツドリンク	5	ナトリウムイオン
③	スポーツドリンク	200	炭水化物
④	スポーツドリンク	200	ナトリウムイオン
⑤	海水	5	炭水化物
⑥	海水	5	ナトリウムイオン
⑦	海水	200	炭水化物
⑧	海水	200	ナトリウムイオン

問2　海水から取り出して利用されている物質の一例として，塩化マグネシウムがある。マグネシウムまたは塩化マグネシウムに関する記述として最も適当なものを，次の①～⑥のうちから一つ選べ。

① マグネシウムは，貴金属の仲間である。

② マグネシウムは，価電子が2個の元素である。

③ マグネシウムは，空気中で燃えると塩化マグネシウムになる。

④ 塩化マグネシウムは，石けんの主成分として利用される。

⑤ 塩化マグネシウムは，セメントや医療用固定具の主成分として利用される。

⑥ 塩化マグネシウムは，ふくらし粉(ベーキングパウダー)の主成分として利用される。

問3　自然界における，水の状態変化に関する次の文章中の空欄［エ］～［カ］に入る語の組合せとして最も適当なものを，下の①～⑧のうちから一つ選べ。

海水の一部は蒸発して，水蒸気となり大気に移動する。一方，水蒸気が液体の水に変化することを［エ］といい，この現象は雲の形成に関係する。大気中の水は，やがて雨などとして地表に降り，河川を通じて海に戻る。また，寒い地方では，河川の水が［オ］して表面に氷が見られることもある。極地方などの海に浮かぶ氷山は，海水温度が上昇すると［カ］して小さくなる。

	エ	オ	カ
①	沸騰	昇華	融解
②	沸騰	昇華	溶解
③	沸騰	凝固	融解
④	沸騰	凝固	溶解
⑤	凝縮	昇華	融解
⑥	凝縮	昇華	溶解
⑦	凝縮	凝固	融解
⑧	凝縮	凝固	溶解

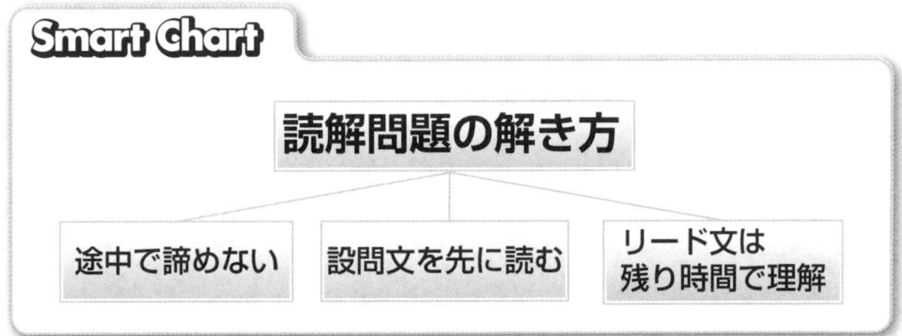

POINT
7-2 実験問題のツボ

化学基礎の共通テストの特徴のもう一つは，実験を中心とした，探究活動を題材とした問題である。過去の共通テストでは，日常生活の中から課題を発見して解決方法を探るなど，学習の過程を意識した場面設定を重視する方針が示されている。このように，実験問題，中でも探究活動の設計・思考過程に重きを置いた出題となる点が，センター試験と大きく異なる。

ここでは，このような問題に対処するポイントを解説する。

■実験操作を，教科書の学習内容に対応させる

化学の実験は多岐に渡る。教科書により，取り上げている実験は異なるし，どの教科書にも取り上げられていない実験が題材となることもある。したがって，実験問題に多数取り組んで，出題されうるすべての実験を，事前に網羅しておくという対策は現実的ではない。

しかし，共通テストに限らず，ほとんどの入試は，教科学習における標準的な知識を駆使すれば正解できるようにつくられている。実験問題の場合は，実験操作を追いつつ，そこで調べている内容が，**教科学習のどの事項に対応するのかを，つねに考えながら進めていく**とよい。

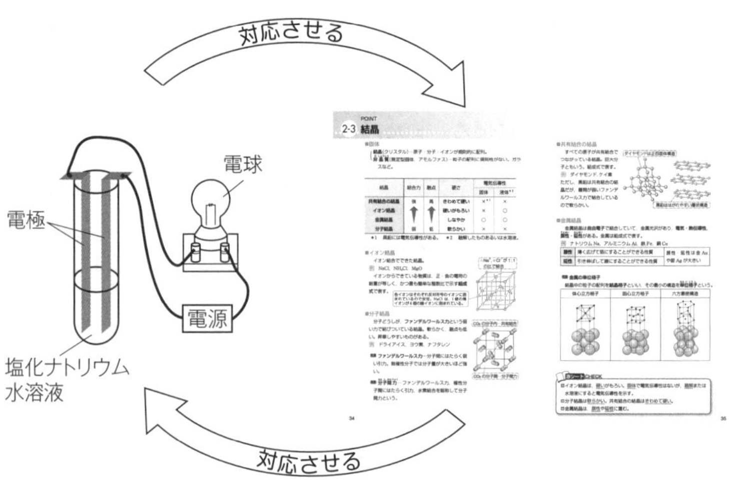

■対照実験

化学的な因果関係を調べるには，調べたい条件のうち，一つだけをかえ，他の条件を同一にして行い，結果を比較する(**対照実験**)。対照実験の結果から，それに影響を及ぼす要因を読み取る場合は，対照実験において互いに異なる条件を探せばよい。

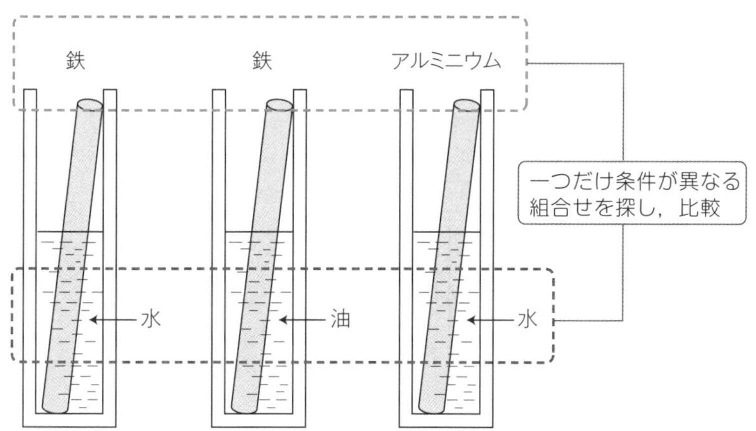

■設問文を先に読む

POINT 7-1と同様，設問文だけ読めば，教科書に載っている知識で解答できる場合もある。また，先に設問文に目を通しておき，必要になる情報を整理してから実験の説明文を読むと，より効率的である。

■実験レポートの構造を理解する

実験レポートに関する出題の場合，その構成を理解しておくと役立つことがある。実験レポートは，大きく分けて「原理」「操作」「結果」「考察」のような構成になっている(すべてが問題文に掲載されているとは限らない)。

構成	文中のキーワード	問われやすい内容
操作	―	ガラス器具，バーナーの扱い方， 目盛りの読み方，など
結果	「～となった。」など	色の変化，質量・体積・温度の変化など
考察	「～ということが わかった。」など	化学の理論(教科書に載っている知識)

設問文に目を通したあと，問われている内容が，上に示した構成のうち，どれと関連が深いかを考えながら読んでいくとよい。

標準マスター

解法 Pick Up

鉄とアルミニウムのさびやすさについて調べるために，図1に示すように鉄棒とアルミニウム棒を水や油に浸して室温で2日間放置した。その結果，**実験** A において，鉄棒の水中にある部分からさびが生じているのが観察され，それ以外の部分では変化が見られなかった。**実験** B・C においては，実験前後で金属に明瞭な変化が観察されなかった。この実験結果について，下の問い(**a**・**b**)に答えよ。

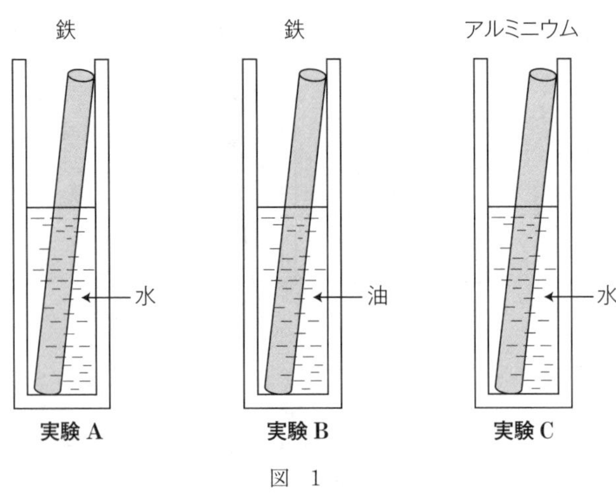

図 1

a **実験** A と**実験** B の結果から明らかになったことについて最も適当なものを，次の①～⑤のうちから一つ選べ。

① 鉄は油に浸す方が水に浸すよりさびやすい。

② 鉄は油に浸す方が空気中に置くよりさびやすい。

③ 鉄は空気中に置く方が油に浸すよりさびやすい。

④ 鉄は空気中に置く方が水に浸すよりさびやすい。

⑤ 鉄は水に浸す方が空気中に置くよりさびやすい。

b　次の文章中の空欄 ア ～ ウ に入る語の組合せとして最も適当なものを，下の①～④のうちから一つ選べ。

ア は，酸素との結合が イ より ウ ので，空気中でもその金属表面が酸化されやすく，酸化物の被膜が生成される。**実験 A** と**実験 C** の結果に違いがでたのは， ア の表面を酸化物の被膜が覆ったため，内部までさびるのを防いだからと考えられる。

	ア	イ	ウ
①	鉄	アルミニウム	弱い
②	鉄	アルミニウム	強い
③	アルミニウム	鉄	弱い
④	アルミニウム	鉄	強い

a

① ［×］油に浸したもの（**実験 B**）では，さびは生じていない。

② ［×］①と同様。

③ ［×］**実験 A**，B とも，空気中にある部分ではさびは生じていない。

④ ［×］③と同様。

⑤ ［○］**実験 A** の空気中にある部分ではさびが生じず，水中にある部分ではさびが生じている。

b

ア　緻密な酸化物の被膜が，金属表面を覆うのはアルミニウムである。

イ，ウ　アルミニウムは鉄よりイオン化傾向が大きいため，空気中で容易に酸化される。しかし，アルミニウムは酸素と強く結合し，表面に緻密な被膜をつくるため，内部まで酸化されない。また，アルミニウムの表面に生じる酸化アルミニウムは無色のため，見た目には変化しない。

正解 a［⑤］，b［④］

Work Shop

解答は別冊 42 ページ

90 4種類のプラスチックの性質について辞典やインターネットを利用して調べ，次のように表にまとめた。この4種類のプラスチック片を実験で識別するために，下の**操作 a** ～ **c** を順に行った。プラスチック片 **A** ～ **D** は表中のどの物質に対応するか。**A** ～ **D** の組合せとして最も適当なものを，次ページの①～⑧のうちから一つ選べ。

プラスチック	密度	熱的性質	燃えやすさ
ポリ塩化ビニル	およそ 1.4 g/cm³	熱可塑性	燃えにくく，炎の中でだけ燃える
フェノール樹脂	およそ 1.8 g/cm³	熱硬化性	こげる
ポリエチレン	およそ 0.94 g/cm³	熱可塑性	融けて燃える
PET	およそ 1.3 g/cm³	熱可塑性	燃えにくい

ただし，PET はポリエチレンテレフタラートを示す。

操作 a ビーカーに入った水に，**A**，**B**，**C**，**D** の4種類のプラスチック片を入れたところ，プラスチック片 **A** だけが浮いた。

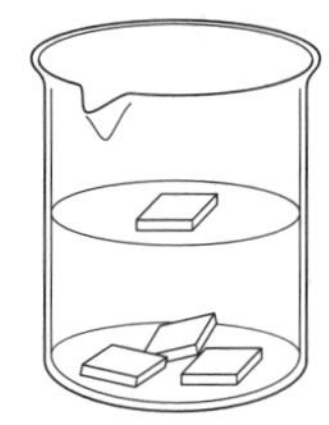

図 1 **操作 a**

操作 b **A** を除いた後，ビーカーに入った水を熱して沸騰させ，ピンセットで取り出してかたさを調べたところ，プラスチック片 **B** だけがかたく，**C**，**D** はやわらかくなっていた。

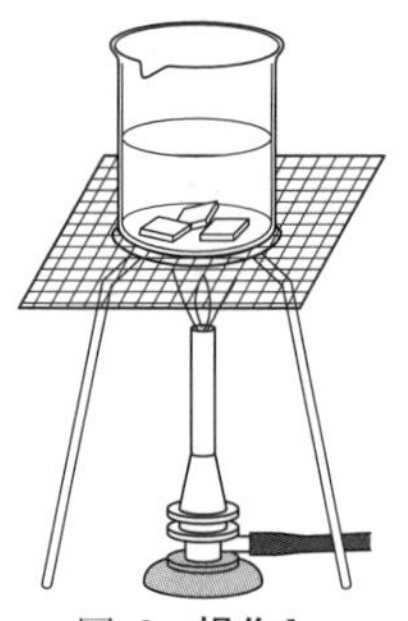

図 2 **操作 b**

操作 c　換気のよいところで，A，B を除いた 2 種類のプラスチック片をバーナーの炎にそれぞれ入れたところ，プラスチック片 C はすすを出して燃えたが，炎から出すとすぐに燃えなくなった。プラスチック片 D は縮み，すすを出して燃えた。

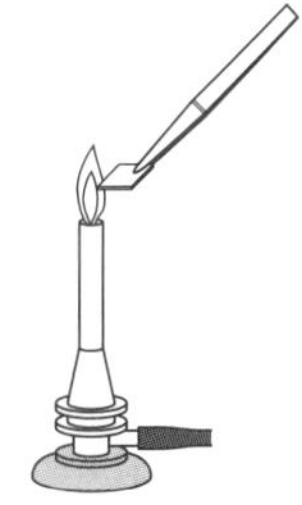

図 3　**操作 c**

	プラスチック片			
	A	B	C	D
①	フェノール樹脂	ポリ塩化ビニル	ポリエチレン	PET
②	フェノール樹脂	ポリ塩化ビニル	PET	ポリエチレン
③	フェノール樹脂	ポリエチレン	ポリ塩化ビニル	PET
④	フェノール樹脂	ポリエチレン	PET	ポリ塩化ビニル
⑤	ポリエチレン	フェノール樹脂	ポリ塩化ビニル	PET
⑥	ポリエチレン	フェノール樹脂	PET	ポリ塩化ビニル
⑦	ポリエチレン	PET	ポリ塩化ビニル	フェノール樹脂
⑧	ポリエチレン	PET	フェノール樹脂	ポリ塩化ビニル

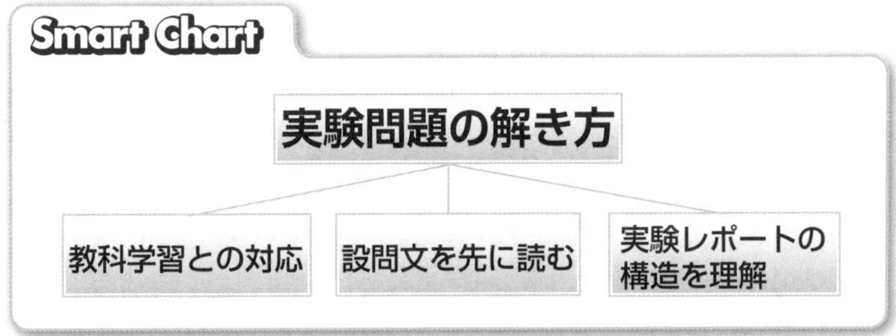

解答は別冊 42 ページ

91 リカさんは，家庭で利用されている燃料用ガスに関心をもち，その原料や化学的性質について調べた。その結果，原料として最近は，メタンを主成分とする天然ガスと，プロパンを主成分とする石油ガスが主に用いられており，これらのガスが単独で，あるいは混合されて，燃料用ガスとして家庭へ供給されることがわかった。また，化学の参考書から，「同温・同圧のもとで，1L 中に含まれる気体分子の数は，その種類にかかわらず等しい」ことを調べ，次に示す水素および炭化水素に関するデータを集めた。

気体名	分子式	燃焼による気体 1L あたりの発熱量 H (kJ/L)
水　素	H_2	10
メタン	CH_4	40
エタン	C_2H_6	70
プロパン	C_3H_8	100

問1 次の文章の［ 1 ］～［ 4 ］に入れる数値あるいは語句として最も適当なものを，下の①～⑧のうちから一つ選べ。ただし，同じものを繰り返し選んでもよい。

リカさんは，炭化水素の燃焼の化学反応を考えた。まず，メタンを例として，燃焼を化学反応式で表した。

$$CH_4 + \boxed{\ 1\ }\ O_2 \longrightarrow CO_2 + 2H_2O$$

また，表中の炭化水素の場合，1 分子に含まれる炭素原子の数を X で表すと，水素原子の数は，$2X+2$ になることに気がついた。この関係を用いると，炭化水素が燃焼するために必要な酸素分子(O_2)の数 Y と，炭素原子の数 X との関係は次の式となった。

$$Y = \boxed{\ 2\ }\ X + \boxed{\ 3\ } \quad \cdots\cdots\cdots(1)$$

(1)から，石油ガスは天然ガスと比べて，体積 1L のガスを燃焼した場合の酸素の消費量が［ 4 ］ことがわかった。

① $\frac{1}{2}$　② 1　③ $\frac{3}{2}$　④ 2

⑤ 3　⑥ 少ない　⑦ 等しい　⑧ 多い

問2　次の文章の[5]〜[7]に入れる数値あるいは語句として最も適当なものを，下の①〜⑧のうちから一つ選べ。ただし，同じものを繰り返し選んでもよい。

リカさんは，燃焼による発熱と二酸化炭素の生成について考えた。表中の炭化水素1Lあたりの発熱量Hは，Xを用いると，次の式で表せた。

$H=$ [5] $X+$ [6] ……………………………………(2)

炭化水素1Lに含まれる気体分子の数をnとすると，炭化水素1Lの燃焼により，nX個の二酸化炭素が生じる。(2)の両辺をnXで割ると，生成する二酸化炭素1分子あたりの発熱量が得られる。その結果，石油ガスでは，天然ガスと比べて，二酸化炭素1分子あたりの発熱量は[7]ことがわかった。

① 10　② 20　③ 30　④ 40
⑤ 50　⑥ 小さい　⑦ 等しい　⑧ 大きい

問3　燃料用ガスの性質や利用についての記述として**誤りを含むもの**を，次の①〜⑤のうちから一つ選べ。

① プロパンは，室温でも圧力をかけると液化するため，小型の容器に詰めて利用することができる。
② 天然ガスに石油ガスを混合すると，1Lあたりの発熱量は天然ガスだけの場合よりも大きくなる。
③ メタンは，微生物のはたらきでゴミや家畜のふんから得ることができる。
④ メタンは分子が小さいので，プロパンよりも気体の密度が大きい。
⑤ 燃料用ガスの燃焼では，金属の酸化物を主成分とする灰を生じない。

92 リカさんは，溶けている物質がわからない水溶液を識別しようと考えた。先生に6種類の水溶液A～Fを用意してもらった。これらは，アンモニア水，希塩酸，酢酸水溶液，砂糖水，塩化ナトリウム水溶液，水酸化カリウム水溶液のうちのどれかである。リカさんはこのことを知った上で，A～Fがそれぞれどの水溶液かを調べるために，次の**実験1～3**を行った。実験結果は，表1のようになった。

実験1　試験管に各水溶液をとり，それぞれに無色のフェノールフタレイン溶液を2，3滴加え，水溶液の色の変化を調べた。

実験2　蒸発皿に各水溶液をとり，それぞれをガスバーナーで加熱し，蒸発皿に残るものがあるかどうかを調べた。

実験3　図1の装置に各水溶液をとり，炭素棒に電圧をかけ，豆電球が点灯するかどうかを調べた。豆電球が点灯した場合，しばらく電圧をかけたあとの水溶液の色の変化を観察した。

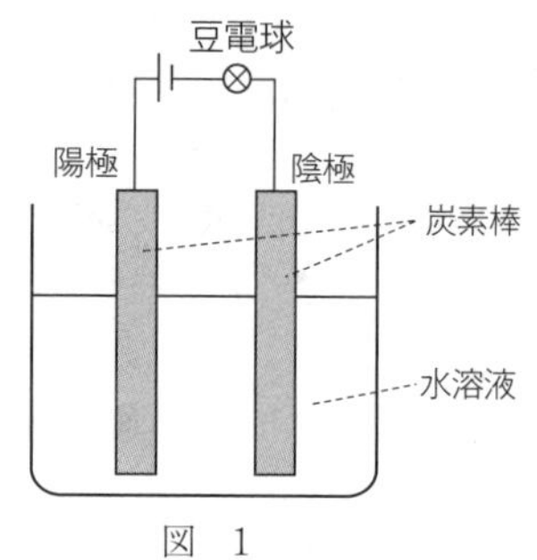

図 1

表1

	水溶液A	水溶液B	水溶液C	水溶液D	水溶液E	水溶液F
実験1	赤色に変化した。	変化しなかった。	変化しなかった。	変化しなかった。	変化しなかった。	赤色に変化した。
実験2	白色の物質が残った。	白色の物質が残った。	茶褐色の物質が残った。	何も残らなかった。	何も残らなかった。	何も残らなかった。
実験3	豆電球が点灯した。 水溶液の色は変化しなかった。	豆電球が点灯した。 陽極の炭素棒付近の水溶液が黄緑色に変化した。	豆電球が点灯しなかった。	豆電球が点灯した。 陽極の炭素棒付近の水溶液が黄緑色に変化した。	豆電球が点灯した。 水溶液の色は変化しなかった。	豆電球が点灯した。 水溶液の色は変化しなかった。

問1　**実験1**と**実験2**の結果のみから，水溶液A～Fのうちのいくつかを識別できる。識別できるすべての水溶液の組合せとして最も適当なものを，次の①～⑥のうちから一つ選べ。

① A，F　② B，C　③ A，C，F
④ B，D，E　⑤ A，B，C，F　⑥ B，C，D，E

問2　**実験3**の水溶液BとDで，陽極の炭素棒付近の水溶液が黄緑色に変化したのは，「ある物質」が生成したためである。

(1) 水に溶かして電流を流したとき，この「ある物質」が生成するものはどれか。最も適当なものを，次の①～⑤のうちから一つ選べ。

① 塩化マグネシウム　② 炭酸水素ナトリウム
③ 水酸化カルシウム　④ 硝酸カリウム
⑤ 硫酸

(2) 「ある物質」が生成する際の，陽極で起こる変化を正しくあらわしたモデルはどれか。最も適当なものを，次の①～⑤のうちから一つ選べ。ただし，○$^+$と○は陽イオンとその原子，●$^-$と●は陰イオンとその原子，e^-は電子をあらわしている。

① 2○$^+$＋2e^- ⟶ ○○　② 2○$^+$ ⟶ ○○＋2e^-
③ 2●$^-$＋2e^- ⟶ ●●　④ 2●$^-$ ⟶ ●●＋2e^-
⑤ ○$^+$＋●$^-$ ⟶ ○●

問3　水溶液Eは何か。最も適当なものを，次の①～⑥のうちから一つ選べ。

① アンモニア水　② 希塩酸
③ 酢酸水溶液　④ 砂糖水
⑤ 塩化ナトリウム水溶液　⑥ 水酸化カリウム水溶液

問4　水溶液を識別する実験方法は他にもある。塩化ナトリウム水溶液と希塩酸の区別が可能な実験方法として最も適当なものを，次の①～④のうちから一つ選べ。

① 水溶液を白金線の先につけ，ガスバーナーの無色の炎(外炎)に入れ，炎の色を観察する。
② 水溶液に硝酸銀水溶液を加え，沈殿の有無を観察する。
③ 水溶液を塩化コバルト紙につけ，塩化コバルト紙の色の変化を観察する。
④ 水溶液に二酸化炭素を通し，水溶液の色の変化を観察する。

93 陽イオン交換樹脂を用いた実験に関する次の問い(**問1**・**問2**)に答えよ。

問1 電解質の水溶液中の陽イオンを水素イオン H^+ に交換するはたらきをもつ合成樹脂を，水素イオン型陽イオン交換樹脂という。

塩化ナトリウム NaCl の水溶液を例にとって，この陽イオン交換樹脂の使い方を図1に示す。粒状の陽イオン交換樹脂を詰めたガラス管に NaCl 水溶液を通すと，陰イオン Cl^- は交換されず，陽イオン Na^+ は水素イオン H^+ に交換され，HCl 水溶液(塩酸)が出てくる。一般に，交換される陽イオンと水素イオンの物質量の関係は，次のように表される。

(陽イオンの価数)×(陽イオンの物質量)＝(水素イオンの物質量)

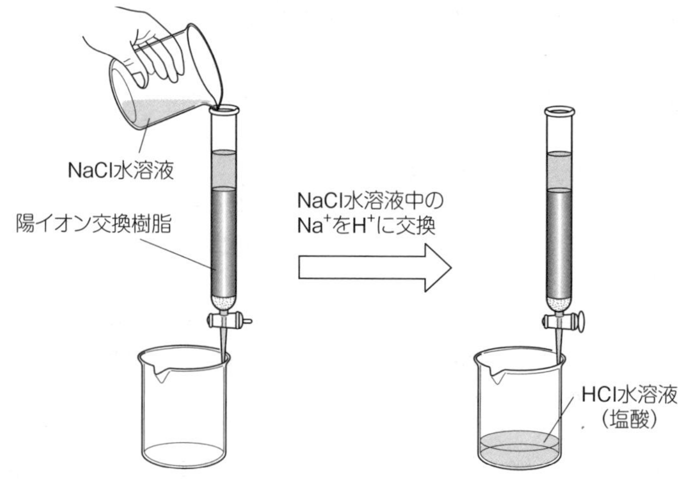

図1 陽イオン交換樹脂の使い方

次の問い(**a**・**b**)に答えよ。

a NaCl は正塩に分類される。正塩で**ないもの**を，次の①～④のうちから一つ選べ。

① $CuSO_4$　② Na_2SO_4　③ $NaHSO_4$　④ NH_4Cl

b 同じモル濃度，同じ体積の水溶液**ア**～**エ**をそれぞれ，陽イオン交換樹脂に通し，陽イオンがすべて水素イオンに交換された水溶液を得た。得られた水溶液中の水素イオンの物質量が最も大きいものは**ア**～**エ**のどれか。最も適当なものを，次の①～④のうちから一つ選べ。

ア KCl 水溶液　**イ** NaOH 水溶液

ウ $MgCl_2$ 水溶液　**エ** CH_3COONa 水溶液

① **ア**　② **イ**　③ **ウ**　④ **エ**

問2　塩化カルシウム $CaCl_2$ には吸湿性がある。実験室に放置された塩化カルシウムの試料 **A** 11.5 g に含まれる水 H_2O の質量を求めるため，陽イオン交換樹脂を用いて次の**実験Ⅰ～Ⅲ**を行った。この実験に関する下の問い(**a**～**c**)に答えよ。

実験Ⅰ　試料 **A** 11.5 g を 50.0 mL の水に溶かし，(a)<u>$CaCl_2$ 水溶液</u>とした。この水溶液を陽イオン交換樹脂を詰めたガラス管に通し，さらに約 100 mL の純水で十分に洗い流して Ca^{2+} がすべて H^+ に交換された塩酸を得た。

実験Ⅱ　(b)<u>**実験Ⅰ**で得られた塩酸を希釈して 500 mL にした</u>。

実験Ⅲ　**実験Ⅱ**の希釈溶液をホールピペットで 10.0 mL とり，コニカルビーカーに移して，指示薬を加えたのち，0.100 mol/L の水酸化ナトリウム NaOH 水溶液で中和滴定した。中和点に達するまでに滴下した NaOH 水溶液の体積は 40.0 mL であった。

a　下線部(a)の $CaCl_2$ 水溶液の pH と最も近い pH の値をもつ水溶液を，次の①～④のうちから一つ選べ。ただし，混合する酸および塩基の水溶液はすべて，濃度が 0.100 mol/L，体積は 10.0 mL とする。

① 希硫酸と水酸化カリウム水溶液を混合した水溶液
② 塩酸と水酸化カリウム水溶液を混合した水溶液
③ 塩酸とアンモニア水を混合した水溶液
④ 塩酸と水酸化バリウム水溶液を混合した水溶液

b　下線部(b)に用いた器具と操作に関する記述として最も適当なものを，次の①～④のうちから一つ選べ。

① 得られた塩酸をビーカーで 50.0 mL はかりとり，そこに水を加えて 500 mL にする。
② 得られた塩酸をすべてメスフラスコに移し，水を加えて 500 mL にする。
③ 得られた塩酸をホールピペットで 50.0 mL とり，メスシリンダーに移し，水を加えて 500 mL にする。
④ 得られた塩酸をすべてメスシリンダーに移し，水を加えて 500 mL にする。

c　**実験Ⅰ～Ⅲ**の結果より，試料 **A** 11.5 g に含まれる H_2O の質量は何 g か。最も適当な数値を，次の①～④のうちから一つ選べ。ただし，$CaCl_2$ の式量は 111 とする。

① 0.4　　② 1.5　　③ 2.5　　④ 2.6

94 プルーストは，一つの化合物を構成している成分元素の質量の比は，常に一定であるという定比例の法則を提唱した。次の**実験**は，炭酸ストロンチウム $SrCO_3$ を強熱すると，次の式(1)に示すように，固体の酸化ストロンチウム SrO と二酸化炭素 CO_2 に分解することを利用して，ストロンチウム Sr の原子量を求めることを目的としたものである。

$$SrCO_3 \longrightarrow SrO + CO_2 \quad (1)$$

実験 細かくすりつぶした $SrCO_3$ をはかりとり，十分な時間強熱した。用いた $SrCO_3$ の質量と加熱後に残った固体の質量との関係は，表1のようになった。

表1 用いた $SrCO_3$ と加熱後に残った固体の質量

用いた $SrCO_3$ の質量〔g〕	0.570	1.140	1.710
加熱後に残った固体の質量〔g〕	0.400	0.800	1.200

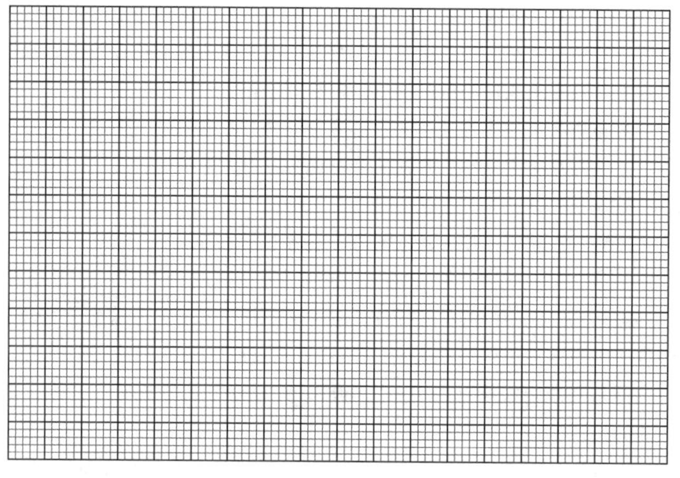

式(1)の反応では，分解する $SrCO_3$ と生じる SrO の質量の［ア］は，発生する CO_2 の質量に等しい。また，生じる SrO と CO_2 の質量の［イ］は，分解する $SrCO_3$ の量にかかわらず一定となる。したがって，炭素 C と酸素 O の原子量(それぞれ 12，16)を用いて，Sr の原子量を求めることができる。次の問い(**a**・**b**)に答えよ。必要であれば方眼紙を用いてよい。

a　空欄[ア]・[イ]に当てはまる語の組合せとして最も適当なものを，次の①～⑥のうちから一つ選べ。

	ア	イ
①	和	和
②	和	差
③	和	比
④	差	和
⑤	差	差
⑥	差	比

b　**実験**の結果から求められる Sr の原子量はいくらか。最も適当な数値を，次の①～⑥のうちから一つ選べ。ただし，加熱によりすべての $SrCO_3$ が反応したものとする。

①　76　　②　80　　③　88　　④　96　　⑤　104　　⑥　120

95　ドロマイトは，炭酸マグネシウム $MgCO_3$（式量 84）と炭酸カルシウム $CaCO_3$（式量 100）を主成分とする岩石である。これらの炭酸塩を加熱すると，前問の式(1)と同様の反応が起こり，CO_2（分子量 44）を放出して，それぞれマグネシウム Mg とカルシウム Ca の酸化物に変化する。次の**実験**は，$MgCO_3$ と $CaCO_3$ のみからなる，ドロマイトを模した試料 **A** 中の Mg の物質量 n_{Mg} と Ca の物質量 n_{Ca} の比を求めることを目的としたものである。

実験　細かくすりつぶした試料 **A** 14.2 g をはかりとり，十分な時間強熱したところ，7.6 g の固体が得られた。

Mg と Ca の物質量の比 $n_{Mg}:n_{Ca}$ を整数比で表したものとして最も適当なものを，次の①～⑦のうちから一つ選べ。ただし，加熱により炭酸塩のすべてが反応して，固体の酸化物に変化したものとする。

①　1：1　　②　1：2　　③　1：3　　④　2：1
⑤　2：3　　⑥　3：1　　⑦　3：2

【付録】主な化学反応式

➲重要な反応

分類	試薬の例	化学反応式
水素の発生	亜鉛＋希硫酸	$Zn + H_2SO_4 \longrightarrow ZnSO_4 + H_2$
酸素の発生	過酸化水素＋酸化マンガン(IV)	$2H_2O_2 \longrightarrow 2H_2O + O_2$
$NaHCO_3$ の分解	炭酸水素ナトリウム（要加熱）	$2NaHCO_3 \longrightarrow Na_2CO_3 + H_2O + CO_2$
燃焼	プロパン＋酸素	$C_3H_8 + 5O_2 \longrightarrow 3CO_2 + 4H_2O$
	一酸化炭素＋酸素	$2CO + O_2 \longrightarrow 2CO_2$

➲酸・塩基反応

分類	試薬の例	化学反応式
通常	塩酸＋水酸化ナトリウム	$HCl + NaOH \longrightarrow NaCl + H_2O$
	硫酸＋アンモニア	$H_2SO_4 + 2NH_3 \longrightarrow (NH_4)_2SO_4$
2段階のもの	塩酸＋炭酸ナトリウム	$HCl + Na_2CO_3 \longrightarrow NaHCO_3 + NaCl$ $HCl + NaHCO_3 \longrightarrow H_2O + CO_2 + NaCl$
弱酸の遊離	希塩酸＋炭酸カルシウム	$2HCl + CaCO_3 \longrightarrow CaCl_2 + H_2O + CO_2$
弱塩基の遊離	塩化アンモニウム＋水酸化カルシウム（要加熱）	$2NH_4Cl + Ca(OH)_2 \longrightarrow CaCl_2 + 2H_2O + 2NH_3$
揮発性酸の遊離	塩化ナトリウム＋濃硫酸（要加熱）	$NaCl + H_2SO_4 \longrightarrow NaHSO_4 + HCl$

➲酸化還元反応

分類	試薬の例	化学反応式
アルカリ金属と水	ナトリウム＋水	$2Na + 2H_2O \longrightarrow 2NaOH + H_2$
テルミット反応	アルミニウム＋酸化鉄(III)	$2Al + Fe_2O_3 \longrightarrow Al_2O_3 + 2Fe$ （イオン化傾向が $Al > Fe$ のために起こる反応）
金属酸化物と炭素	酸化銅(II)＋炭素	$CuO + C \longrightarrow Cu + CO$
硫黄化合物どうしの反応	二酸化硫黄＋硫化水素	$SO_2 + 2H_2S \longrightarrow 3S + 2H_2O$
X_2 と X^-（X；ハロゲン）	塩素＋臭化カリウム	$Cl_2 + 2KBr \longrightarrow 2KCl + Br_2$
銅と酸化力のある酸	銅＋希硝酸	$3Cu + 8HNO_3 \longrightarrow 3Cu(NO_3)_2 + 4H_2O + 2NO$
	銅＋濃硝酸	$Cu + 4HNO_3 \longrightarrow Cu(NO_3)_2 + 2H_2O + 2NO_2$
	銅＋熱濃硫酸	$Cu + 2H_2SO_4 \longrightarrow CuSO_4 + 2H_2O + SO_2$

上記のほかに半反応式（**POINT** 5-2）を書けるようにしておくとよい。

索引

書籍のアンケートにご協力ください

抽選で**図書カード**を

プレゼント！

Z会の「個人情報の取り扱いについて」はZ会Webサイト(https://www.zkai.co.jp/home/policy/)に掲載しておりますのでご覧ください。

ハイスコア！共通テスト攻略　化学基礎　改訂版

2020年 4 月10日　初版第 1 刷発行
2021年 7 月10日　新装版第 1 刷発行
2024年 3 月10日　改訂版第 1 刷発行

著者　金井明
発行人　藤井孝昭
発行　Z会
〒411-0033 静岡県三島市文教町1-9-11
【販売部門：書籍の乱丁・落丁・返品・交換・注文】
TEL 055-976-9095
【書籍の内容に関するお問い合わせ】
https://www.zkai.co.jp/books/contact/
【ホームページ】
https://www.zkai.co.jp/books/
装丁　犬飼奈央
印刷所　シナノ書籍印刷株式会社

ISBN978-4-86531-578-3 C7043

Z-KAI

ハイスコア！

共通テスト攻略

化学基礎

改訂版

別冊解答

1 ＜同素体＞

問題は 11 ページ

Say♪ 同素体はスコップ(SCOP)で掘れ

a　① [×] アルミナは酸化アルミニウム Al_2O_3 のことで，化合物である。
② [×] 二酸化炭素 CO_2 の固体をドライアイスといい，化合物である。
③ [×] 液体空気は窒素，酸素を主成分とする混合物である。
④ [×] ベンゼンは C，H からなる有機化合物である。
⑤ [○] ゴム状硫黄は元素 S のみからなる単体である。

b　① [×] ネオン Ne とアルゴン Ar は周期表 18 族の同族元素である。
② [×] エタノール CH_3CH_2OH とメタノール CH_3OH はアルコールとよばれ，いずれも有機化合物である。
③ [×] 一酸化炭素 CO と二酸化炭素 CO_2 は，いずれも化合物である。
④ [○] 酸素 O_2 とオゾン O_3 は，いずれも元素 O からなる単体である。
⑤ [×] 水素 ^{1}H と重水素 ^{2}H は，互いに質量数の異なる同位体である。

正解 a [⑤]，b [④]

2 ＜混合物の分離＞

問題は 11 ページ

Say♪ 分離といえば，ろ過・蒸留・再結晶

① [○] 液体混合物は，沸点の違いを利用して各成分に分離することができる。これを分留(分別蒸留)という。
② [×] 昇華法は，固体→気体の状態変化を利用しており，液体混合物の分離には用いない。
③ [×] 再結晶は，温度による固体の溶解度の差を利用して，純物質を分離する操作である。
④ [×] ろ過は，水などの液体に溶ける固体と溶けない固体とを，ろ紙を用いて分離する操作である。

正解 [①]

3 ＜純物質と混合物＞

問題は 11 ページ

Say♪ 濃硫酸は純物質，濃塩酸・濃硝酸は混合物

① [○] 二酸化炭素 CO_2 の固体をドライアイスといい，純物質である。
② [○] 塩化ナトリウムは，ナトリウムイオン Na^+ と塩化物イオン Cl^- が 1：1 で結合した結晶であり，純物質である。
③ [○] 塩酸は，塩化水素 HCl が水に溶けた水溶液であり，混合物である。
④ [○] 純物質はただ 1 種類の成分からなるので，元素の組成は一定である。

⑤ [×] 酸素 O_2 とオゾン O_3 はそれぞれ単体であるが，それらの混合気体は混合物である。

正解 [⑤]

4 <混合物の分離と三態変化>

問題は 15 ページ

Say! **凝固と凝縮　まったく違う**

a　茶葉を熱湯に浸すと，湯に溶けやすい色素やカフェインなどが溶け出してくる。溶媒に対する溶けやすさを利用して，特定の成分を分離する操作を抽出という。

b　ドライアイスを放置すると，固体から直接気体の二酸化炭素に変化する。このような状態変化を昇華という。

c　コップの周囲の水蒸気が冷やされて凝縮し，水滴になる。

正解 [⑥]

5 <気体の分子運動>

問題は 15 ページ

Say! **熱運動　温度上げると　速さ大**

① [×] 温度を下げると，気体分子の平均の速さは減少する。

② [○] 温度を上げると，気体分子の平均の速さは増大する。

③ [×] 分子数を増加させても，気体分子の平均の速さは変わらない。

④ [×] 質量の大きい(正確には分子量の大きい)気体に変えると，気体分子の平均の速さは減少する。

正解 [②]

6 <同位体>

問題は 19 ページ

Say! **同位体　原子番号まったく同じ**

① [○] 同位体は原子番号(＝陽子の数)が等しく，質量数が異なる原子である。たとえば，${}^{12}_{6}C$ と ${}^{13}_{6}C$ などをイメージしてみるとよい。

② [×] 陽子の数(＝原子番号)が異なるので，同位体ではない。

③ [×] 陽子の数と中性子の数の和は，質量数のことである。質量数が同じでも原子番号が異なる場合もある。${}^{14}_{6}C$ と ${}^{14}_{7}N$ を同位体とはいわない。

④ [×] 陽子の数(＝原子番号)が異なるので，同位体ではない。

⑤ [×] 陽子の数(＝原子番号)が異なるので，同位体ではない。

正解 [①]

7 ＜原子核と電子配置＞

問題は 19 ページ

Say! 電子殻　2・8・18　部屋の数

・リチウム $_{3}$Li の電子配置では，K 殻に 2 個，L 殻に 1 個の電子が収容されるから，①，③，および⑤は除かれる。

・リチウム $^{6}_{3}$Li の陽子の数は 3 個，中性子の数は(6−3＝)3 個である。よって，⑥が該当する。

正解 ［⑥］

8 ＜多原子イオン＞

問題は 23 ページ

Say! 物質名　化学式で　書いてみよ

それぞれの化合物には以下のイオンが含まれている。

	化学式	陽イオン	陰イオン
①	$(NH_4)_2SO_4$	NH_4^+	SO_4^{2-}
②	CH_3COONa	Na^+	CH_3COO^-
③	$Pb(NO_3)_2$	Pb^{2+}	NO_3^-
④	$Ca_3(PO_4)_2$	Ca^{2+}	PO_4^{3-}
⑤	KCl	K^+	Cl^-
⑥	Ag_2S	Ag^+	S^{2-}

2 価のイオン SO_4^{2-}，Pb^{2+}，Ca^{2+}，S^{2-} のうち，多原子イオンは SO_4^{2-} のみである。

正解 ［①］

9 ＜イオン＞

問題は 23 ページ

Say! イオンの電子配置　最も近い　貴ガス型

①［○］ハロゲンのフッ素は，電子 1 個を受け取りフッ化物イオン F^- になりやすい。

②［○］$_{13}$Al の電子配置は K 殻から順に(2，8，3)であり，Al^{3+} は電子 3 個を放出した(2，8)である。これは貴ガスの $_{10}$Ne と同じ電子配置である。

③［○］O^{2-}，S^{2-} はいずれも 2 価の単原子陰イオンである。

④［○］イオンからなる化合物の結晶では，陽イオンと陰イオンの電荷の総和は等しく，電気的に中性である。

⑤［×］一般に，塩を構成する陽イオンは金属イオンが多いが，例外として，非金属の元素のみからなるアンモニウムイオン NH_4^+ の場合もある。

正解 ［⑤］

10 ＜元素の周期表＞

問題は 23 ページ

Say! 単体が気体　貴ガスの他に　たった 5 種　臭素と水銀　液体だ

① [×] 同じ周期とは横の行だから，化学的性質は似ているとはいえない。「周期」ではなく「族」ならば正しい。

② [×] ハロゲンの臭素 Br_2 は常温・常圧で赤褐色の液体である。

③ [×] 水銀 Hg は常温・常圧で液体である。

④ [×] アルカリ金属(固体)のほかに，非金属の水素(気体)がある。

⑤ [○] 18 族の貴ガスの単体は，すべて常温・常圧で気体である。

正解 [⑤]

11 ＜素粒子の数と質量比較＞

問題は 24 ページ

Say! 電子の質量　陽子に比べて　とても軽い

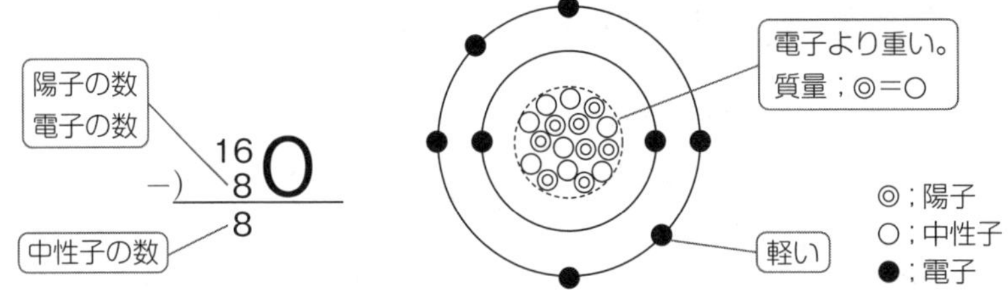

① 陽子 1 個と中性子 1 個の質量はほぼ同じである。陽子の数と中性子の数がほぼ同じとすると，原子核の質量は陽子の質量の約 2 倍になる。^{16}O では $16 \div 8 = 2$。

② 中性子と電子の個数はほぼ同じだから，1 個どうしで比較する。電子 1 個の質量はきわめて小さく，陽子や中性子の約 $\frac{1}{1840}$ である。よって，^{16}O では約 1840 と大きな数値になる。

③ (陽子の数)=(電子の数)であり，これらは原子番号に等しい。O ではともに 8 だから，$\frac{8}{8} = 1$ になる。

④ 原子の質量の比は質量数の比にほぼ等しいので，$\frac{18}{16}$ であり 1 より少し大きい。

⑤ 同位体の関係にある原子の陽子数は等しい。よって，$\frac{8}{8} = 1$ になる。

正解 [②]

12 <電子配置・価電子数・元素の性質>

問題は 24 ページ

マーク形式のポイント ❶ ＜正誤の組合せ選択問題＞

普通の正誤判断問題と異なり，消去法では解決しない。**一文でも判断を誤ると，正解できない。**本問では，「大きくなる」，「小さくなる」などの対義語に注意して正誤を判別していく。

Say! 貴ガスは安定，不活性

原子番号 8，9，10，11，12 の元素の電子数などは，それぞれ次の表のとおりである。

族	16	17	18	1	2
元素	$_{8}O$	$_{9}F$	$_{10}Ne$	$_{11}Na$	$_{12}Mg$
L 殻の電子数	6	7	8	8	8
M 殻の電子数	0	0	0	1	2
価電子の数	6	7	0	1	2

a ［○］典型元素のイオンは，原子番号が最も近い貴ガス型の電子配置をとる。いずれも Ne 型の電子配置をとる。

b ［×］上の表のように，価電子の数は原子番号順に大きくなるとは限らない。

c ［×］貴ガスの Ne は，化学的に安定で反応性に乏しく，酸素と容易に反応しない。

d ［×］フッ素は 1 価の陰イオンであるフッ化物イオン F^{-} になりやすい。

正解 ［②］

13 <熱運動と状態変化>

問題は 24 ページ

マーク形式のポイント ❷ ＜当てはまるものを 2 つ以上探す問題＞

正しいもの，あるいは誤りを 2 箇所以上探し出す必要があるので難易度が高い。本問では，「する，しない」，「大きい，小さい」，「放出，吸収」などの語句に注意して正誤を判別する。

Say! 融解・蒸発　温度一定でも加熱が必要

a ［○］気体分子は，空間をいろいろな方向に飛び回っている。

b ［×］分子の平均の速度は，温度が高くなるほど大きくなる。

c ［○］固体より液体，液体より気体の方が大きいエネルギーをもつ。

d ［×］融解や蒸発に際して，熱を吸収する。

正解 ［②］

14 ＜元素の周期表＞

問題は 25 ページ

Say! 単体が気体　貴ガスの他に　たった 5 種　臭素と水銀　液体だ

① 単体の臭素 Br_2 と水銀 Hg は常温・常圧で液体である。2 種。

② 遷移元素はすべて金属である。0 種。

③ 水素 H のみが非金属，他はアルカリ金属である。1 種。

④ 2 族元素はすべてアルカリ土類金属である。0 種。

⑤ 第 2 周期には Li，Be，B，C，N，O，F，Ne がある。金属はリチウム Li とベリリウム Be である。2 種。

⑥ 第 3 周期には Na，Mg，Al，Si，P，S，Cl，Ar がある。ハロゲンの塩素 Cl_2 と貴ガスのアルゴン Ar は気体であり，他はすべて固体である。2 種。

正解 [③]

15 ＜元素の周期表＞

問題は 25 ページ

マーク形式のポイント ③　＜図・グラフ問題＞

図やグラフを選ばせる問題はよく出題される。選択肢の図の「大雑把な違い」と，「微妙な違い」をそれぞれ把握する。

1. 大雑把な違いを把握→消去法などにより，当てはまらないものを除外。
2. 微妙な違いを把握　→当てはまるものを探す。

本問では，まず，3〜12 族が含まれているかいないかに注目して候補を絞り，さらに 1，2，13〜18 族の塗り分けによって正解を見極める。

Say! A (Al) B 間に金属・非金属の境界あり

① [×] 非金属元素の領域である。

② [○] 典型元素のうち金属元素の領域である。

③ [×] 遷移元素と一部の典型金属元素が含まれている。

④ [×] 典型元素の領域である。

正解 [②]

16 ＜原子価，分子の形＞

問題は 29 ページ

a Say 原子価といえば　手の本数

一つの原子のもつ価標の数は決まっている。これを原子価といい，不対電子の数に対応している。

	①	②	③	④	⑤
構造式	N≡N	F−F	H−C−H（C の上下に H）	H−S−H	O=O
原子価	3	1	4	2	2

よって，価標を最も多くもつ原子は③の C である。

b Say エチレン・ベンゼン　平面上

	①	②	③	④	⑤
分子の形	折れ線形	直線形	三角錐形	直線形	平面状分子

⑤はエチレンであり，6 個の原子がすべて同一平面上にある。よって，直線形で二重結合をもつ分子は② CO_2 である。

正解　a［③］，b［②］

17 ＜化学結合＞

問題は 29 ページ

Say カリウムと塩化カリウム　似た名前には気をつけろ

ア　アルカリ金属のカリウム K は，自由電子による金属結合の結晶である。

イ　塩素の単体 Cl_2 は，価標 1 本ずつを出し合った Cl-Cl の共有結合。

ウ　塩化カリウム KCl は，K^+ と Cl^- が静電気的に引き合うイオン結合。

正解　［⑥］

18 ＜イオン化エネルギー＞

問題は 33 ページ

Say イオン化エネルギー・電子親和力　（周期表の）右の上ほど　大になる

①［×］一般に，（第一）イオン化エネルギーは，元素の周期表の右にある元素ほど，また上にある元素ほど大きくなる。よって，同じ周期の元素では，原子番号が大きくなると，（第一）イオン化エネルギーは大きくなる。

②［○］電子を失って陽イオンになりやすい性質を陽性，電子を受け取って陰

イオンになりやすい性質を陰性という。周期表の右上にある元素ほど，電子を受け取って陰イオンになりやすい(18 族を除く)。すなわち，陰性が強い。

③［○］周期表の下にある元素ほど陽性が強い。原子番号が大きいものほど，最外殻が原子核から遠いので，電子を失いやすい。

④［○］同一周期では正負の電荷が増えると原子核と電子の間にはたらく静電気力が大きくなり，原子半径は小さくなる(18族を除く)。

⑤［○］遷移元素は，原子番号が増加するにつれ，内側の電子殻に電子が入っていく。隣り合う遷移元素では，最外殻電子の数が同じであることが多く，性質が似ていることも多い。

正解［⓪］

19 <イオン化エネルギー>

問題は 33 ページ

Say! イオン化エネルギー　ピークは貴ガス　He サイコー

a　イオン化エネルギーは，貴ガスが大きく，アルカリ金属が小さい。よって，⓪～⑤の中でイオン化エネルギーが最も大きい原子は Ar である。なお，⓪～③および⑤の原子は，いずれもイオンになると電子配置は Ar 型になる。

b　水素 $^{1}_{1}H$ と重水素 $^{2}_{1}H$ は，互いに中性子の数が異なる同位体である。よって，陽子や電子の数は同じであるため，イオン化エネルギーは等しい。

正解　**a**［④］，**b**［③］

20 <化学結合と結晶>

問題は 37 ページ

Say! メタルでは　動き回るよ　自由電子

⓪［○］3 個の N-H 結合は共有結合である。他の 1 個は配位結合をしているが，結果として共有結合と同じになり，互いに区別できない。

②［○］ナフタレン $C_{10}H_8$ は分子結晶であり，分子どうしは分子間力で結合している。しかし，分子自体は C と H の共有結合でできている。

③［○］Na^+ と Cl^- の静電気力によるイオン結合である。

④［○］ダイヤモンドはきわめて硬い共有結合の結晶である。

⑤［×］金属原子の価電子は金属内を自由に動くことができる。

正解［⑤］

21 ＜共有結合の結晶，分子結晶＞

問題は 37 ページ

a Say! **共有結晶　きわめて硬い**

① ［○］ダイヤモンドは炭素 C からなる共有結合の結晶である。

② ［×］氷は H_2O の分子結晶であり，分子内は共有結合，分子どうしは水素結合などの分子間力で結合している。

③ ［×］ドライアイスは二酸化炭素の分子結晶である。昇華しやすい。

④ ［×］塩化ナトリウム(食塩)は静電気力によるイオン結晶である。

⑤ ［×］白金 Pt は自由電子による金属結晶である。

b Say! **分子結晶　昇華しやすい**

① ［×］ダイヤモンド C は共有結合の結晶。

② ［×］酸化カルシウム CaO は，Ca^{2+} と O^{2-} からなるイオン結晶。

③ ［○］ヨウ素 I_2 の固体は，分子どうしが弱い分子間力で結合した分子結晶。昇華しやすい。

④ ［×］二酸化ケイ素 SiO_2 は共有結合の結晶である。1 個の Si 原子に対して 4 個の O 原子が，それぞれ正四面体の頂点に位置する。

⑤ ［×］鉄 Fe は金属結晶である。

正解 a ［①］，b ［③］

22 ＜共有結合＞

問題は 38 ページ

マーク形式のポイント ④　＜紛らわしい用語や図を用いた問題＞

「同位体」と「同素体」，「原子価」と「価電子」，「価電子」と「最外殻電子」あるいは「電気陰性度」と「電子親和力」など，類似した用語がある。勘違いによるケアレスミスをしないように注意して正誤を判断していく。

Say! **価電子と最外殻電子　貴ガスがダウト**

① ［○］N の原子価は 3 であり，窒素分子の構造式は N≡N である。

② ［○］酸素 O_2 とオゾン O_3 は，同じ元素からなる異なる単体で，互いに同素体である。

③ ［○］水 H-O-H は，104.5° の角度をもつ折れ線形の極性分子。

④ ［×］アルゴン Ar の最外殻電子は 8 個だが，価電子は 0 個である。アルゴンは大気中に約 1 % 含まれている。

⑤ ［○］二酸化炭素 O=C=O 中の C の価標は 4 本であり，原子価は 4。

正解 ［④］

23 ＜電気伝導性＞

問題は 38 ページ

Say! **イオン結晶 「～が，しかし～」に注意！**　（硬い**が，しかし**もろい。固体は電気を通さない**が，しかし**水溶液や融解したものは電気を通す。）

⓪［×］リチウム Li は金属結晶。固体も融解したものも電気を通す。水と反応してリチウムイオンになり，その水溶液は電気を通す。

②［○］塩化カリウム KCl はイオン結晶。固体は電気を通さないが，その水溶液は電気を通す。

③［×］アルミニウム Al は金属結晶。水溶液にならない。

④［×］二酸化ケイ素 SiO_2 は共有結合の結晶。固体は電気を通さず，また水溶液にはならない。

⑤［×］ヨウ素 I_2 は分子結晶。固体は電気を通さず，水に溶けにくい。

⑥［×］黒鉛 C は共有結合の結晶。固体は電気を通す。水溶液にならない。

正解［②］

24 ＜化学結合＞

問題は 38 ページ

マーク形式のポイント ❶　＜正誤の組合せ選択問題＞

　選択肢ごとに，すべての正誤を判定しなければならない。消去法が使えないので，思い込みや，決めつけをせずに正誤を判断する。

a［×］塩化水素 H–Cl は共有結合からなる物質である。塩酸（水溶液）が H^+ と Cl^- に電離していることから，イオン結合と誤解しやすい。

b［×］ベンゼン C_6H_6 は無極性分子である。水素結合はしない。

c［○］オキソニウムイオン $H_2O\!:\!\rightarrow H^+$，アンモニウムイオン $H_3N\!:\!\rightarrow H^+$ のように，一方が非共有電子対を提供して，配位結合している。

d［×］正四面体という分子の形のために，結合の極性が打ち消されてしまう。

正解［⓪］

Column ≫ 禁じ手？

　問題**24**の選択肢について，**a** ～ **d** ごとに，正誤のうち多い方を塗りつぶしていくと，なにやら浮かび上がってくる横一列がある（汗）。さらに，すべて正誤が逆転している②が存在している（汗汗）。近年，正誤の組合せ選択問題は見かけなくなっているが，こういう点に注目して問題を見てみるのも面白い。

	a	b	c	d
⓪	誤	誤	正	誤
②	正	正	誤	正
③	正	誤	正	誤
④	誤	誤	誤	正
⑤	誤	正	正	誤

25 ＜化合物の組成＞

問題は 39 ページ

マーク形式のポイント ④　＜紛らわしい用語や図を用いた問題＞

物質が名称や元素記号で与えられていない設問。似たような図が並んでいるため，一つ一つ元素を決定し，元素記号に置き換えて考える。ここでミスすると，当然正解には至らず，致命傷を負うことになる。

Say!　水素・ハロゲン手が 1 本　炭素・ケイ素は手が 4 本

ア〜**オ**はそれぞれ，**ア** He，**イ** C，**ウ** Ne，**エ** Na，および**オ** Cl の電子配置である。

a　同族元素は，貴ガス(18 族)の He と Ne である。[**ア**・**ウ**]

b　イオン結晶として考えられるのは，電気陰性度の差が大きい Na と Cl とがイオン結合した塩化ナトリウム NaCl である。[**エ**・**オ**]

c　原子価 4 の C と，原子価 1 の Cl が共有結合したテトラクロロメタン(四塩化炭素) CCl_4 が該当する。[**イ**・**オ**]

正解 **a** [②]，**b** [⑨]，**c** [⑥]

26 ＜配位結合＞

問題は 39 ページ

① [○] :NH_3 は非共有電子対を一つもつ。

② [○] O 原子の最外殻電子 6 個のうち，不対電子 2 個が H 原子 2 個と結合する。残り 4 個が二組の非共有電子対になっている。

③ [×] 3 個の N–H 共有結合と，1 個の配位結合からなる。

④ [○] 配位結合は，結果として共有結合と区別できない。

⑤ [○] 極性分子である H_2O の若干負電荷を帯びた O が，隣にある H_2O 分子の若干正電荷を帯びた H と水素結合している。

正解 [③]

27 ＜電気陰性度＞

問題は 39 ページ

Say!　電気陰性度　(周期表の)右の上ほど　大になる　F サイコー

① [×] 電子を強く引きつけるのは，電気陰性度が大きい F，O，N など。

② [×] 第 2 周期の元素の電気陰性度は，Li が最小，F が最大である。

③ [○] すべての元素の中で，電気陰性度は F が最大である。

④ [×] 電気陰性度の数値が同じだから，その差は 0 であり，無極性である。

⑤ [×] CO_2 は分子の形状が直線形であり，結合の極性の向きが反対であるため，極性が打ち消される。分子全体で無極性である。

正解 [③]

28 ＜物質量＞

問題は 47 ページ

Say! モルは分子量ぶんの質量

気体の体積は(物質量)×(モル体積)で求められるから，物質量が大きい気体を選ぶ。

① NH_3 (分子量 17)；$\dfrac{34\ \text{g}}{17\ \text{g/mol}}=2.0\ \text{mol}$

② O_2 (分子量 32)　；$\dfrac{64\ \text{g}}{32\ \text{g/mol}}=2.0\ \text{mol}$

③ CO_2 (分子量 44)；$\dfrac{99\ \text{g}}{44\ \text{g/mol}}=2.25\ \text{mol}$

④ Ar (原子量 40)　；$\dfrac{100\ \text{g}}{40\ \text{g/mol}}=\underset{\sim\sim\sim}{2.5\ \text{mol}}$

⑤ Cl_2 (分子量 71)　；$\dfrac{142\ \text{g}}{71\ \text{g/mol}}=2.0\ \text{mol}$

正解 [④]

29 ＜モル体積＞

問題は 47 ページ

ドライアイス CO_2 (分子量 44) 1 mol を考える。固体 1 mol (44 g)の体積は

$$(\text{体積})=\frac{\text{質量}}{\text{密度}}=\frac{44\ \text{g}}{1.6\ \text{g/cm}^3}=27.5\ \text{cm}^3$$

である。また，モル体積は 22.4 L/mol より，気体 1 mol の体積は

$$22.4\ \text{L}=22400\ \text{mL}=22400\ \text{cm}^3$$

である。よって

$$\frac{22400\ \text{cm}^3}{27.5\ \text{cm}^3}=814\fallingdotseq 810\ [\text{倍}]$$

正解 [④]

30 ＜存在比＞

問題は 47 ページ

Say! 原子量　相対質量の　平均値

銀の原子番号は 47 だから，(陽子の数)＝(電子の数)＝$\underset{\sim\sim}{47}$ である。

また，他方の同位体の相対質量を x とすると

$$106.9\times\frac{52}{100}+x\times\frac{48}{100}=107.9$$

$$\therefore\quad x=108.9$$

同位体	相対質量	存在比
$^{107}_{47}Ag$	106.9	52 %
$^{x}_{47}Ag$	x	48 %

相対質量は質量数とほぼ同じになるので，この同位体の質量数は 109 と考えられる。したがって，中性子数は 109−47＝62 となる。

正解 [⑤]

31 <酸化物の組成>

問題は 47 ページ

Say! モルは原子量ぶんの質量

組成式 MO は，M_1O_1 の 1 を省略したものであり，M と O が 1：1 の原子数比で結合していることを表している。結合した酸素 O は，1.62 g−1.30 g＝0.32 g である。M の原子量を m とすると，(原子数比)＝(物質量比)より

$$1:1=\frac{1.30\ \mathrm{g}}{m\ \mathrm{g/mol}}:\frac{0.32\ \mathrm{g}}{16\ \mathrm{g/mol}}$$

よって，m＝65 となる。

正解 [⑤]

32 <溶液の濃度>

問題は 51 ページ

Say! モルは式量ぶんの質量

溶液 100 $\mathrm{cm^3}$ に含まれる水酸化ナトリウムの質量は

$$100\ \mathrm{cm^3}\times1.1\ \mathrm{g/cm^3}\times\frac{8.0}{100}=8.8\ \mathrm{g}$$

NaOH＝40 より

$$\frac{8.8\ \mathrm{g}}{40\ \mathrm{g/mol}}=0.22\ \mathrm{mol}$$

正解 [③]

33 <溶液の濃度>

問題は 51 ページ

Say! 濃度の換算　溶液 1 L あたりで　考える

この硫酸 1 L (1000 $\mathrm{cm^3}$)の質量は，1000 $\mathrm{cm^3}$×1.1 $\mathrm{g/cm^3}$＝1100 g。

一方，H_2SO_4＝98 だから，1 L 中に含まれる硫酸 2.0 mol の質量は 2.0×98 g。よって

$$(\text{質量パーセント濃度})=\frac{\text{溶質の質量}}{\text{溶液の質量}}\times100=\frac{2.0\times98\ \mathrm{g}}{1100\ \mathrm{g}}\times100$$

$$=17.8\fallingdotseq18\ [\%]$$

正解 [④]

34 <希釈>

問題は 51 ページ

Say! 希釈・濃縮　溶質量は　変わらない

求める塩酸の体積を v〔mL〕とする。

モル濃度 11.3 mol/L の塩酸 1 mL 中に，HCl は $\frac{11.3}{1000}$ mol 含まれるから，v〔mL〕中には

$$\frac{11.3}{1000}\times v\ \text{[mol]}$$

含まれている。同様に，0.05 mol/L の希塩酸 500 mL 中には，HCl が

$$\frac{0.05}{1000}\times 500\ \text{mol}$$

含まれる。希釈しても，溶質 HCl の物質量は変わらないので

$$\frac{11.3}{1000}\times v\ \text{[mol]}=\frac{0.05}{1000}\times 500\ \text{mol}$$

よって，$v=2.2$ mL となる。

正解 ［⑥］

35 <固体の溶解度>

問題は 53 ページ

① ［○］およそ 32℃ で，KNO_3 の溶解度は 50 になるので，ここで析出が始まる。

② ［○］およそ 23℃ で $NaNO_3$ が析出し始めるので，20℃ では混合物が析出する。32℃ から 23℃ の間では，KNO_3 のみが析出している。

③ ［○］KNO_3 は 32 g−14 g=18 g，$NaNO_3$ は 87 g−74 g=13 g が析出するので，KNO_3 の方が析出量が多い。

④ ［×］10℃ では，KNO_3 も $NaNO_3$ も飽和している。10℃ での溶解度は，KNO_3 が 21，$NaNO_3$ が 80 である。溶解度が大きい $NaNO_3$ の方が濃度が高い。

⑤ ［○］60℃ から冷却していくと，32℃ で先に KNO_3 の析出が始まってしまうので，$NaNO_3$ だけを再結晶させることはできない。

正解 ［④］

36 <蒸発による析出>

問題は 53 ページ

NaCl の析出量が 10 g だから，溶液中には 46 g−10 g=36 g が溶けていて，この溶液が飽和溶液になっている。蒸発した水を x [g] とすると，

$$\frac{(\text{溶質})}{(\text{溶液})}=\frac{36\ \text{g}}{100\ \text{g}+36\ \text{g}}=\frac{36\ \text{g}}{1000\ \text{g}-x-10\ \text{g}}$$

よって

$$100\ \text{g}+36\ \text{g}=1000\ \text{g}-x-10\ \text{g}\qquad\therefore\quad x=854\ \text{g}$$

正解 ［⓪］

37 <基礎法則>

問題は 57 ページ

①～④の図について，不適切である理由を a ～ c から選ぶ。現代では気体反応の法則や分子の存在を知っているので，④のモデルが正しいことがわかる。

① 体積比が（水素）:（酸素）:（水蒸気）＝2：1：1 であり，水蒸気の体積が誤っている。**b** が該当する。

② 両辺で，原子数が異なっている。**a** が該当する。

③ 原子説では分割できないとされる原子を，分割している。**c** が該当する。

正解 a［②］，b［①］，c［③］

38 <イオン反応式の係数>

問題は 57 ページ

反応式の左辺と右辺では，各原子の数は等しい。

N 原子　$a=2$ ……(1)

O 原子　$2a=d$ ……(2)

H 原子　$b=2d$ ……(3)

また，イオン反応式では両辺で電荷の総和も等しい。

$b\times1+c\times(-1)=0$ ……(4)

(1)～(4)の連立方程式を解くと，$a=2$，$b=8$，$c=8$，$d=4$ となる。

正解 ［⑧］

39 <化学反応の量的関係>

問題は 61 ページ

反応した N_2 は 25 % だから，$1.00\ \text{mol}\times\frac{25}{100}=0.250\ \text{mol}$ である。化学反応式および各気体の物質量〔mol〕は

	N_2	＋ $3H_2$	⟶ $2NH_3$	
反応前	1.00	3.00	0	
変化量	−0.25	−0.75	+0.50	（係数比）＝（物質量比）
反応後	0.75	2.25	0.50	……合計 3.50 mol

初めの混合気体の物質量は 1.00 mol＋3.00 mol＝4.00 mol であったので，反応後の合計 3.50 mol と比較すると，0.50 mol 減少した。

減少した 0.50 mol の気体の体積は，0 °C，1.013×10^5 Pa で

$0.50\ \text{mol}\times22.4\ \text{L/mol}=11.2\ \text{L}$

正解 ［③］

40 <化学反応の量的関係>

問題は 61 ページ

Say it 係数比　純物質どうしの　関係だ

3.4 % の過酸化水素水 10 g に含まれる H_2O_2 は

$$10\ \text{g} \times \frac{3.4}{100} = 0.34\ \text{g}$$

$H_2O_2 = 34$ より，H_2O_2 の物質量は

$$\frac{0.34\ \text{g}}{34\ \text{g/mol}} = 1.0 \times 10^{-2}\ \text{mol}$$

この反応の化学反応式は

$$2H_2O_2 \longrightarrow 2H_2O + O_2$$

物質量比は，$H_2O_2 : O_2 = 2 : 1$ であるから，発生する酸素の物質量は

$$\frac{1.0 \times 10^{-2}}{2}\ \text{mol}$$

よって，この酸素の体積は，0℃，1.013×10^5 Pa で

$$\frac{1.0 \times 10^{-2}}{2}\ \text{mol} \times 22.4\ \text{L/mol} = 0.112\ \text{L} \fallingdotseq 0.11\ \text{L}$$

正解 [②]

41 <化学反応の量的関係>

問題は 61 ページ

$NaHCO_3$（式量 84）に塩酸を加えると，CO_2（分子量 44）が発生する。

$$NaHCO_3 + HCl \longrightarrow NaCl + H_2O + CO_2 \uparrow$$

図より，$NaHCO_3$ の質量が 2.1 g までは $NaHCO_3$ がすべて反応するので，$NaHCO_3$ が 2.1 g のとき塩酸と過不足なく反応することがわかる。塩酸の濃度を n〔mol/L〕とすると，HCl と $NaHCO_3$ の係数比 1：1 より

$$\frac{n}{1000} \times 50\ \text{〔mol〕} = \frac{2.1\ \text{g}}{84\ \text{g/mol}}$$

よって，$n = 0.50$ mol/L となる。

正解 [②]

別解

グラフの折れ曲がった箇所，すなわち過不足なく反応したときに発生した CO_2 の質量は 1.1 g である。上の化学反応式の HCl と CO_2 の係数比 1：1 より

$$\frac{n}{1000} \times 50\ \text{〔mol〕} = \frac{1.1\ \text{g}}{44\ \text{g/mol}}$$

$$\therefore\quad n = 0.50\ \text{mol/L}$$

42 <化学反応の量的関係>

問題は 63 ページ

この反応で発生する窒素 N_2 の物質量は，$\dfrac{44.8\ \text{L}}{22.4\ \text{L/mol}}=2.00\ \text{mol}$ である。これより，消費される NaN_3 と CuO の物質量を求める。

	$2NaN_3$	+ CuO	⟶ $3N_2$	+ Na_2O + Cu
反応前	$2.00\times\dfrac{2}{3}$	$2.00\times\dfrac{1}{3}$	0	
変化量	$-2.00\times\dfrac{2}{3}$	$-2.00\times\dfrac{1}{3}$	$+2.00$	
反応後	0	0	2.00	

（係数比）＝（物質量比）

したがって，NaN_3 は $2.00\times\dfrac{2}{3}$ mol，CuO は $2.00\times\dfrac{1}{3}$ mol 消費される。

NaN_3（式量 65）の質量；$2.00\times\dfrac{2}{3}\times65$ g

CuO（式量 80）の質量；$2.00\times\dfrac{1}{3}\times80$ g

よって，質量の合計は，$2.00\times\dfrac{2}{3}\times65\ \text{g}+2.00\times\dfrac{1}{3}\times80\ \text{g}=140\ \text{g}$ になる。

正解 ［④］

43 <化学反応の量的関係>

問題は 63 ページ

水蒸気がなくなったことから，炭素（C＝12）は十分にあったことがわかる。

$C+H_2O \longrightarrow CO+H_2$

この反応で水蒸気 0.50 mol と反応した炭素は 0.50 mol であり，その質量は

$0.50\ \text{mol}\times12\ \text{g/mol}=6.0\ \text{g}$

正解 ［③］

44 <アボガドロ定数>

問題は 64 ページ

マーク形式のポイント ⑤　<文字式問題>

文字式は具体的な数量のイメージがもてず，苦手意識をもつ場合も多い。その反面，数値計算をせずに済むというメリットもある。諦めずに，与えられている条件を，知っている基礎知識に結び付ける。本問では，粒子数と物質量の比例関係に持ち込む。本問は，多くの教科書にある実験の問題である。

Say! 1 mol とは，アボガドロ数個の集団のこと

単分子膜の面積が S〔cm^2〕，ステアリン酸分子 1 個が水面上で占める面積が

a〔cm^2〕だから，ステアリン酸の分子数は$\dfrac{S}{a}$〔個〕である。

一方，このステアリン酸の物質量は，$\dfrac{w}{284}$〔mol〕である。1 mol とは，アボガドロ数個の集団のことなので，物質量と分子数には次の関係式が成立する。

$$\frac{w}{284}\,\text{〔mol〕}:1\ \text{mol}=\frac{S}{a}:N_A$$

したがって

$$N_A=\frac{284S}{wa}$$

正解〔①〕

45 ＜標準溶液の調製＞

問題は 64 ページ

マーク形式のポイント ❷ ＜当てはまるものを 2 つ以上探す問題＞

本問は二つの設問に分かれているタイプで，二つとも正解しないと得点にならない。念には念を入れて，ケアレスミスを防ぐ。

a **Say!** **希釈・濃縮　溶質量は　変わらない**

必要な $(COOH)_2 \cdot 2H_2O$ の質量を w〔g〕とする。$(COOH)_2 \cdot 2H_2O=126$ より，その物質量は

$$\frac{w}{126}\,\text{〔mol〕}$$

結晶水は溶媒の水の一部となるので，0.100 mol/L の溶液 250 mL 中にある溶質 $(COOH)_2$ の物質量は

$$\frac{0.100}{1000}\times 250\ \text{mol}$$

したがって

$$\frac{w}{126}\,\text{〔mol〕}=\frac{0.100}{1000}\times 250\ \text{mol}$$

よって，$w=3.15$ g となる。**ウ**が正しい。

b　**エ**［×］ビーカーの目盛りは正確ではない。

オ［○］“水を標線まで入れ”て，250 mL とする。正しい。

カ［×］正確なモル濃度の溶液は，溶解後の溶液の体積を正確にあわせる(ここでは 250 mL にする)ことで調製する。また，メスシリンダーの目盛りは標準溶液の調製に用いるには正確さに欠ける。

正解〔③〕

46 ＜結晶硫酸銅(Ⅱ)の析出＞

問題は 65 ページ

20℃で硫酸銅(Ⅱ)五水和物の結晶が析出したことから

(結晶中に含まれる $CuSO_4$ の質量)＋(20℃の水溶液中の $CuSO_4$ の質量)
(1)　(2)

が，はじめの水溶液に含まれていた $CuSO_4$ の質量である。

(1) 析出した硫酸銅(Ⅱ)五水和物 25 g 中の無水物 $CuSO_4$ の質量は

$$25\ \mathrm{g} \times \frac{160}{250} = 16\ \mathrm{g}$$

$CuSO_4 \cdot 5H_2O$ (250)
160　90

(2) 20℃では飽和溶液になっている点に着目する。この飽和溶液の質量は

$$205\ \mathrm{g} - 25\ \mathrm{g} = 180\ \mathrm{g}$$

であり，ここに溶けている $CuSO_4$ を x〔g〕とすると

$$\frac{(\text{溶質量})}{(\text{溶液量})} = \frac{20\ \mathrm{g}}{120\ \mathrm{g}} = \frac{x}{180\ \mathrm{g}} \qquad \therefore\ x = 30\ \mathrm{g}$$

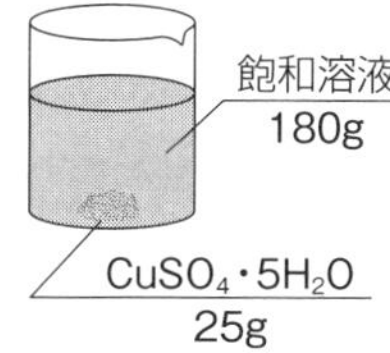

ゆえに，全硫酸銅(Ⅱ)の質量は

$$16\ \mathrm{g} + 30\ \mathrm{g} = 46\ \mathrm{g}$$

正解〔②〕

47 ＜化学反応の量的関係＞

問題は 65 ページ

マーク形式のポイント ⑥　＜実験問題など＞

本問は化学実験の延長線上にある，化学工業に関わる計算問題である。量的関係を化学反応式の係数から考えていくのは，他の例と同じである。ただし，質量の単位として〔g〕以外の〔kg〕や〔t〕が出てきたら注意する。

a　**Say!　(係数比)＝(物質量比)**

アンモニアを酸化する化学反応は次式で表される。

$$4NH_3 + 5O_2 \longrightarrow 4NO + 6H_2O$$

したがって，NH_3 1000 mol を NO にするのに必要な O_2 の物質量〔mol〕は

$$1000\ \mathrm{mol} \times \frac{5}{4} = 1250\ \text{〔mol〕}$$

正解〔②〕

b　**Say!　モルは分子量ぶんの質量**

元素 N に着目すると，NH_3 中の N 原子がすべて HNO_3 中の N 原子になっている。すなわち，1 mol の NH_3 から 1 mol の HNO_3 が生成するという関係がある。求める硝酸の質量を x〔kg〕とすると，これに含まれる純粋な HNO_3 の質量は

$$x \times 1000 \times \frac{63}{100} \text{〔g〕}$$

原料の NH_3 と生成した HNO_3 の物質量は等しいので，$HNO_3=63$ より

$$\frac{x \times 1000 \times \frac{63}{100} \text{〔g〕}}{63\ \text{g/mol}} = 1000\ \text{mol}$$

よって，$x=100$ kg となる。

正解 〔③〕

48 ＜沈殿反応＞

問題は 65 ページ

マーク形式のポイント ③ ＜図・グラフ問題＞

大雑把な傾向，そして微妙な違いに注意する。本問では，次の点に着目する。

- ・大雑把な傾向…反応物の過不足のためにグラフが折れ曲がるか？
- ・微妙な違い　…目盛りの数値はいくらか？

Say! モルは式量ぶんの質量

$AgNO_3$ に塩酸を加えると，塩化銀 AgCl の白色沈殿を生じる。

$$Ag^{+} + Cl^{-} \longrightarrow AgCl$$

したがって，$Ag^{+}:Cl^{-}=1:1$ の物質量比で反応する。

硝酸銀（式量 170）1.7 g の物質量は

$$\frac{1.7\ \text{g}}{170\ \text{g/mol}} = 1.0 \times 10^{-2}\ \text{mol}$$

この硝酸銀と過不足なく反応する 0.50 mol/L 塩酸の体積を v〔mL〕とすると

$$\frac{0.50}{1000} \times v\ \text{〔mol〕} = 1.0 \times 10^{-2}\ \text{mol} \qquad \therefore \quad v = 20\ \text{mL}$$

となる。したがって，硝酸銀 1.7 g は塩酸 20 mL と過不足なく反応することがわかる。よって，塩酸が 0〜20 mL の範囲でグラフが途中で折れ曲がることはない（③〜⑥は除外できる）。

また，塩酸 20 mL を加えて，硝酸銀をすべて反応させたとき，沈殿した AgCl（式量 143.5）の質量は

$$1.0 \times 10^{-2}\ \text{mol} \times 143.5\ \text{g/mol} = 1.435\ \text{g}$$

沈殿の量を正しく表しているグラフは②である。

正解 〔②〕

49 <酸と塩基>

問題は 71 ページ

Say! ピッチャー酸　投げるボールは　H^+

① [×] 塩酸 HCl のように，O を含まない酸もある。O を含む酸をオキソ酸という。

② [×] アレニウスの定義では，水に溶けて H^+ を生じる物質が酸。酸素の発生は関係がない。

③ [×] 硫酸 H_2SO_4 は 2 価の強酸，リン酸 H_3PO_4 は 3 価の中程度の強さを示す酸である。

④ [○] 濃度にかかわらず電離度が 1 に近いのが強酸である。弱酸も，薄めるほど電離度は大きくなるが，これを強酸とはいわない。

⑤ [×] ブレンステッド・ローリーの定義では，H^+ を受け取る物質は塩基。

正解 [④]

50 <酸化物>

問題は 71 ページ

Say! 両性酸化物をつくる金属元素は　ああスンナリ(Al，Zn，Sn，Pb)

金属元素の酸化物は塩基性酸化物，非金属元素の酸化物は酸性酸化物が多い。Al や Zn の酸化物は両性酸化物である。

選択肢にある酸化物を分類すると，以下のようになる。

酸性酸化物	塩基性酸化物	両性酸化物
CO_2，P_4O_{10}	Na_2O，CaO	Al_2O_3，ZnO

選択肢の中で，④だけがすべて適合している。

正解 [④]

51 <電離度>

問題は 71 ページ

Say! 1 価の酸　$[H^+]$ は　$c\alpha$

濃度 c〔mol/L〕の酢酸の電離度を α とすると，水素イオンのモル濃度 $[H^+]$ は $c\alpha$ で表すことができる。$c=0.036$ mol/L，$[H^+]=1.0\times10^{-3}$ mol/L より

$$1.0\times10^{-3}\ \text{mol/L}=0.036\times\alpha\ \text{〔mol/L〕}$$

$$\therefore\quad \alpha=2.77\times10^{-2}\fallingdotseq2.8\times10^{-2}$$

正解 [③]

52 <水素イオン指数 pH>

問題は 75 ページ

① [×] 硫酸も硝酸も，ともに強酸である。硫酸は 2 価の酸であるから，硫酸 1 mol あたり H^+ 2 mol を生じるのに対し，硝酸は 1 価の酸なので H^+ 1 mol を生じる。その結果，硫酸は $[H^+]$ が硝酸よりも大きく，pH は小さい。

② ［×］酢酸は弱酸なので電離度は小さい。そのため，同濃度の強酸水溶液に比べて $[H^+]$ が小さく，pH は大きい。

③ ［×］酸性溶液の希釈で，pH＝7 を越えて塩基性になることはない。7 に近づいていく。

④ ［○］アンモニアは電離度の小さい弱塩基なので，同濃度の強塩基の水溶液に比べて $[OH^-]$ が小さいため，pH はより 7 に近い(＝小さい)。

⑤ ［×］pH＝12 の水酸化ナトリウム水溶液の $[OH^-]$ は 1.0×10^{-2} mol/L であり，これが 1.0×10^{-3} mol/L に変化する。$[H^+][OH^-]=1.0\times10^{-14}\ mol^2/L^2$ より

$$[H^+]=\frac{1.0\times10^{-14}\ mol^2/L^2}{1.0\times10^{-3}\ mol/L}=1.0\times10^{-11}\ mol/L$$

よって，pH＝11 になる。

正解 ［④］

53 ＜水素イオン指数 pH＞

問題は 75 ページ

pH＝1.0 と pH＝3.0 の塩酸の $[H^+]$ は，それぞれ 1.0×10^{-1} mol/L，1.0×10^{-3} mol/L である。

強酸である塩酸の電離度は 1 であるから，pH＝1.0 でも pH＝3.0 でも溶液中に含まれる水素イオンの物質量は等しい。pH＝3.0 のときの体積を v〔mL〕とすると

$$\frac{(1.0\times10^{-1})\times10}{1000}\ mol=\frac{(1.0\times10^{-3})\times v}{1000}\ [mol]$$

$$\therefore\quad v=1000\ mL$$

正解 ［④］

54 ＜塩の水溶液の性質＞

問題は 79 ページ

Say! ツヨヨワは　ツヨの性質　現れる

それぞれの塩をつくる酸と塩基の強弱は，次の表のとおりである。A～C はすべて正塩であり，酸・塩基の強弱で水溶液の性質がわかる。

	酸	塩基	水溶液の性質
A　CH_3COONa	弱　CH_3COOH	強　NaOH	弱塩基性(pH＞7)
B　NH_4Cl	強　HCl	弱　NH_3	弱酸性　(pH＜7)
C　Na_2SO_4	強　H_2SO_4	強　NaOH	中性　　(pH＝7)

よって，**A**＞**C**＞**B** である。

正解 ［②］

55 ＜塩の水溶液の性質＞

問題は 79 ページ

a　青色リトマス紙を赤変したので，この水溶液は酸性である。それぞれの塩をつくる酸と塩基の強弱を示す。

	酸	塩基	水溶液の性質
① $CaCl_2$	強　HCl	強　$Ca(OH)_2$	中性
② Na_2SO_4	強　H_2SO_4	強　$NaOH$	中性
③ Na_2CO_3	弱　H_2O+CO_2	強　$NaOH$	塩基性
④ NH_4Cl	強　HCl	弱　NH_3	酸性
⑤ KNO_3	強　HNO_3	強　KOH	中性

よって，強酸と弱塩基からなる塩である NH_4Cl が該当する。

b　変色した部分が左の陽極側にひろがったので，陰イオンの OH^- あるいは Cl^- が移動したことになる。Cl^- はリトマス紙を変色しないので，移動したイオンはウ<u>OH^-</u> であり，たらしたものはイ<u>$NaOH$</u> 水溶液である。塩基性の水溶液はア<u>赤</u>色リトマス紙を青変する。

正解　a［④］，b［③］

56 ＜中和滴定＞

問題は 83 ページ

Say!　**ピペット　ビュレット　とも洗い**

①［×］メスフラスコの内部に試料水溶液が付着していると，ホールピペットから入れた試料に加算されてしまい，メスフラスコ内の試料の物質量が把握できなくなる。ただし，純水でぬれたままならよい。

②［○］ホールピペットは共洗いしてから使用する。

③［○］ホールピペットやメスフラスコの標線は，液面の底と一致したときに，正確な体積の溶液ができるようにつくられている。

④［○］③と同様である。

⑤［○］容器内の溶液の上部と下部の濃度差をなくすために，振り混ぜる。

正解　［①］

57 ＜中和反応の量的関係＞

問題は 85 ページ

弱酸と強塩基の反応だが，中和の量的関係に酸・塩基の強弱は影響しない。

2 価の塩基である水酸化バリウム水溶液のモル濃度は，$Ba(OH)_2=171$ より

$$\frac{\frac{17.1}{171}\,\text{mol}}{1.00\,\text{L}}=0.100\,\text{〔mol/L〕}$$

酢酸のモル濃度を c〔mol/L〕とすると，中和の量的関係より

$$1\times\frac{c\times10.0}{1000}\,[\mathrm{mol}]=2\times\frac{0.100\times15.0}{1000}\,\mathrm{mol}\qquad\therefore\quad c=0.300\,\mathrm{mol/L}$$

正解 〔⑤〕

58 ＜中和反応の量的関係＞

問題は 85 ページ

Say 酸・塩基　等しい(価数)×(モル)で　中和する

(酸の出す H^+ の物質量)＝(塩基の出す OH^- の物質量)

を適用するために，まず酸と塩基の物質量を求める。**b** の水溶液は，0.40 mol/L の硫酸を 100 倍に薄めているので，濃度は

$$0.40\,\mathrm{mol/L}\times\frac{1}{100}=4.0\times10^{-3}\,\mathrm{mol/L}$$

求める **b** の水溶液の体積を v〔mL〕とすると

Step 1 水酸化ナトリウム

NaOH の物質量……………… $\frac{0.12\times20}{1000}$ mol

Step 2 酸の物質量

(1) 塩酸 HCl の物質量……… $\frac{0.20\times10}{1000}$ mol

(2) 硫酸 H_2SO_4 の物質量…… $\frac{(4.0\times10^{-3})\times v}{1000}$〔mol〕

Step 3 逆滴定の関係式………………

$$1\times\frac{0.12\times20}{1000}\,\mathrm{mol}=1\times\frac{0.20\times10}{1000}\,\mathrm{mol}+2\times\frac{(4.0\times10^{-3})\times v}{1000}\,[\mathrm{mol}]$$

これより，v＝50 mL となる。

正解 〔④〕

59 ＜滴定曲線＞

問題は 89 ページ

a　図は弱酸と強塩基の滴定曲線である。

① 〔○〕中和点の pH が塩基性側にあるので，弱酸と強塩基の反応。

② 〔○〕塩基を過剰に加えたとき，pH は 12 より大きくなっているので，加えた塩基の pH は 12 より大きいと考えられる。

③ 〔×〕中和点の pH は 9 付近であり，塩基性である。

④ 〔○〕塩基性側に変色域があるフェノールフタレインを用いる。

⑤ 〔○〕0.2 mol/L の 1 価の酸 10 mL から生じる H^+ の物質量は

$$1\times\frac{0.2\times10}{1000}\,\mathrm{mol}=2\times10^{-3}\,\mathrm{mol}$$

一方，0.1 mol/L の硫酸(2 価の酸)10 mL から生じる H^+ の物質量は

$$2\times\frac{0.1\times10}{1000}\ \text{mol}=2\times10^{-3}\ \text{mol}$$

酸から生じる H^+ の物質量は等しいから，中和に要する塩基の滴下量は，同量の 20 mL である。

b　選択肢にはアンモニア水と水酸化ナトリウム水溶液があるが，滴定に用いた塩基は強塩基だから，水酸化ナトリウム水溶液に限定される(アンモニア水は弱塩基性)。この NaOH 水溶液の濃度を c〔mol/L〕とすると，1 価の弱酸との反応において

$$1\times\frac{0.2\times10}{1000}\ \text{mol}=1\times\frac{c\times20}{1000}\ \text{〔mol〕}$$

の関係がある。よって，$c=0.1$ mol/L である。

正解 a［③］，b［⑤］

60 ＜塩の水溶液の性質＞

問題は 90 ページ

マーク形式のポイント ⑦　＜定石どおりに解けない問題＞

本問では塩の水溶液の液性が問われているから，単純に酸・塩基の強弱で判断できる問題と感じてしまう。しかし，弱酸の塩と強酸を反応させるものなどが含まれているので，定石どおりに解けず，見通しをつけにくい。

試験では，このような問題を後回しにして，酸・塩基の過不足があるかどうか，弱酸の塩から何が生成するかなどをじっくり考えるとよい。

Say! 弱いもの　揮発性のものは　出て行け

混合によって生成した物質などを示す。

	a		b		結果
	濃度〔mol/L〕	溶質	濃度〔mol/L〕	溶質	
①	0.1	HCl	0.1	$Ba(OH)_2$	2 価の $Ba(OH)_2$ が過剰のために塩基性を示す
②	0.1	KCl	0.1	Na_2CO_3	反応しないが，Na_2CO_3 により塩基性を示す
③	0.1	H_2SO_4	0.2	NaOH	過不足なく反応して中性になる
④	0.1	HCl	0.1	Na_2CO_3	$NaHCO_3$ が生成するので弱塩基性を示す
⑤	0.1	HCl	0.1	CH_3COONa	CH_3COOH が遊離して弱酸性を示す

④　HCl と Na_2CO_3 が 1：1 の物質量比で反応すると，次のようになる。

$$HCl+Na_2CO_3 \longrightarrow NaHCO_3+NaCl$$

⑤　次のように，弱酸である酢酸が遊離する。

$$HCl + CH_3COONa \longrightarrow NaCl + CH_3COOH$$

④，⑤とも，NaCl は中性だから，④は $NaHCO_3$ の弱塩基性，⑤は CH_3COOH の弱酸性が水溶液の性質になって表れる。

正解［⑤］

61　<酸・塩基総合>

問題は 90 ページ

①［×］一般に，弱酸や弱塩基では，濃度が小さくなると電離度は大きくなる。

②［○］$Ba(OH)_2$ の水溶液に希硫酸を加えていくと，硫酸バリウム $BaSO_4$ の白色沈殿を生じる。

$$Ba(OH)_2 + H_2SO_4 \longrightarrow BaSO_4\downarrow + 2H_2O$$

中和点では Ba^{2+} は $BaSO_4$ として沈殿し，OH^- も H_2O に変化するので，イオン濃度が減少する。中和点を過ぎると，加えた希硫酸のために H^+ や SO_4^{2-} のイオン濃度が増加する。

③［×］H_2SO_4 は 2 価の酸だから

$$[H^+] = 2 \times 1.0 \times 10^{-3}\ mol/L = 2.0 \times 10^{-3}\ mol/L$$

④［×］酸性溶液を薄めていくと，pH は限りなく 7 に近づく。しかし，7 を越えて塩基性の pH＝8 になることはない。

⑤［×］それぞれの水溶液の濃度を求めると

塩酸　　　　$pH=4 \longrightarrow [H^+]=1\times10^{-4}\ mol/L \longrightarrow$ 濃度 $1\times10^{-4}\ mol/L$

NaOH 水溶液 $pH=12 \longrightarrow [H^+]=1\times10^{-12}\ mol/L$

$\longrightarrow [OH^-]=1\times10^{-2}\ mol/L \longrightarrow$ 濃度 $1\times10^{-2}\ mol/L$

つまり，水酸化ナトリウム水溶液は，塩酸の 100 倍の濃度である。混合によって，塩酸は中和され，大半の NaOH は残る。混合溶液の体積はほぼ混合前の 2 倍になるので，ほぼ $\dfrac{1\times10^{-2}\ mol/L}{2} = 5\times10^{-3}\ mol/L$ の NaOH 水溶液になる。$[OH^-]$ が $1\times10^{-3}\ mol/L$ と $1\times10^{-2}\ mol/L$ の間にあるから，pH は 11〜12 程度である。

正解［②］

62 <逆滴定>

問題は 90 ページ

マーク形式のポイント ⑦ <定石どおりに解けない問題>

中和の量的関係の問題は，$\dfrac{acv}{1000}=\dfrac{a'c'v'}{1000}$によって機械的に解けると誤解されやすい。しかし，この式を万能の公式のように使えない問題もある。

本問のように，一方が気体や固体の場合は，(価数)×(物質量)の基本に戻って考える。濃度を考える必要がないので，かえって簡単に解決する。

a この実験では，(硫酸)＋(アンモニア)と，(硫酸)＋(水酸化ナトリウム)の，2 種類の中和を行っている。中和点では，硫酸アンモニウム $(NH_4)_2SO_4$ と硫酸ナトリウム Na_2SO_4 ができる。このうち，硫酸ナトリウムは水溶液中で中性だが，硫酸アンモニウムは強酸と弱塩基からなる塩であり，水溶液が弱酸性を示すので，酸性側に変色域があるメチルオレンジを用いる。

b NaOH と中和した H_2SO_4 の物質量を n〔mol〕とすると，H_2SO_4 は 2 価の酸なので

$$2\times n=1\times\frac{0.500\times 36.0}{1000}\ \mathrm{mol}$$

$$\therefore\quad n=9.00\times 10^{-3}\ \mathrm{mol}$$

c NH_3 (分子量 17)の質量を w〔g〕とすると，この物質量は$\dfrac{w}{17}$〔mol〕である。中和の量的関係より

(酸の出す H^+ の物質量)＝(塩基の受け取る H^+ の物質量)

$$2\times\frac{1.00\times 20.0}{1000}\ \mathrm{mol}\quad =1\times\frac{w}{17}\ \text{〔mol〕}+1\times\frac{0.500\times 36.0}{1000}\ \mathrm{mol}$$

$$\therefore\quad w=0.374\ \mathrm{g}$$

正解 a［②］，b［③］，c［⑦］

63 <滴定曲線>

問題は 91 ページ

マーク形式のポイント ③　<図・グラフ問題>

与えられたグラフは「炭酸ナトリウムの二段階滴定」の滴定曲線である。教科書によっては，発展あるいは参考として説明されている場合もある。

本問では，同濃度の塩酸と炭酸ナトリウム水溶液が，第一中和点で同体積で中和する。すなわち Na_2CO_3 は 1 価の塩基としてはたらいていることが把握できればよい。図の説明文の箇所を，よく読み解くことがポイントである。

なお，本問は **マーク形式のポイント ⑤** 文字式問題にも該当する。

Say!　希釈・濃縮　溶質量は　変わらない

a　水溶液の性質は次のようになる。

塩	塩の組成	液性
硫酸カリウム K_2SO_4	強酸 ＋ 強塩基	中性
炭酸ナトリウム Na_2CO_3	弱酸 ＋ 強塩基	塩基性

全体として塩基性を示す。選択肢の各 pH の値は，①強酸性，②弱酸性，③中性，④塩基性を示している。

b　問題の図より，0.1 mol/L Na_2CO_3 水溶液 10 mL と 0.1 mol/L 塩酸 10 mL，すなわち Na_2CO_3：HCl=1：1 の物質量比で反応したとき，第一段階の中和が完了する(pH＝約 8)。さらに HCl を 10 mL 加えたところ，すなわち Na_2CO_3：HCl=1：2 の物質量比で反応したとき，第二段階の中和反応が完了する(pH＝約 3～4)。

第一段階　$Na_2CO_3 + HCl \longrightarrow NaHCO_3 + NaCl$ …………(1)

第二段階　$NaHCO_3 + HCl \longrightarrow NaCl + H_2O + CO_2$ ………(2)

ここでは，pH＝8 付近で変色する指示薬を用いているので，(1)式の反応を考えればよい。この式で Na_2CO_3 は 1 価の塩基としてはたらいている。水溶液 S の Na_2CO_3 濃度を x〔mol/L〕とすると，中和の量的関係より

$$1\times\frac{BC}{1000}=1\times\frac{xA}{1000}$$

$$\therefore\quad x=\frac{BC}{A}\ \text{〔mol/L〕}$$

希釈に要した S の体積を v〔mL〕とすると，希釈前後で溶質の物質量が変わらないことより

$$\frac{BC}{A}\times\frac{v}{1000}=D\times\frac{100}{1000}$$

よって，求める S の体積は $v=\dfrac{100AD}{BC}$〔mL〕となる。

正解 a［④］，b［④］

64 <中和の量的関係>

問題は 91 ページ

マーク形式のポイント ⑦ <定石どおりに解けない問題>

問題 **62** と同様，中和の量的関係の式を用いて機械的に解答できない問題であるため，見通しをつけにくい。

濃度が未知であることや，物質によって価数が異なることが重なって混乱するかもしれない。しかし，一方の酸の(価数)×(物質量)が増加すると，他方は減少するという，平易な一次関数であるから，数学の基礎知識で解決する。

Say! 酸・塩基　等しい(価数)×(モル)で　中和する

希硫酸の濃度を x mol/L，希塩酸の濃度を y mol/L とする。

希硫酸から生じた H^+ の物質量	$2\times\frac{x\times20}{1000}$ mol
希塩酸から生じた H^+ の物質量	$1\times\frac{y\times20}{1000}$ mol
NaOH 水溶液から生じた OH^- の物質量	$1\times\frac{0.10\times40}{1000}$ mol

中和の量的関係より

$$2\times\frac{x\times20}{1000}+1\times\frac{y\times20}{1000}=1\times\frac{0.10\times40}{1000}$$

$$\therefore\quad 10x+5y=1$$

x，y の関係をグラフに表すと，右のようになる。ただし，$x>0$，$y>0$ の領域である(太線で示した範囲)。

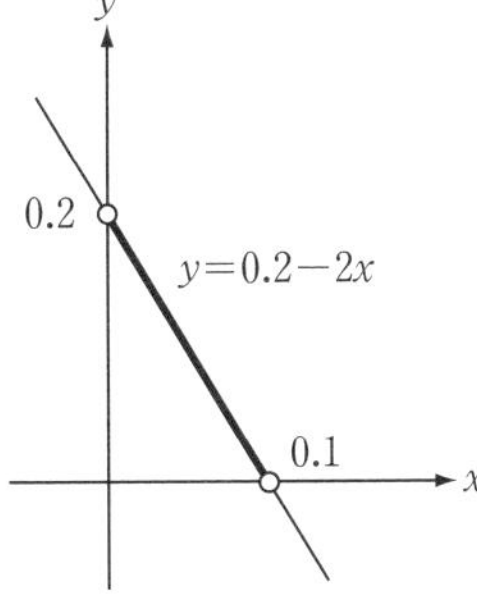

① [×] $x=0.050$ のとき，$y=0.10$ である。

② [×] $y=0.20$ のとき，$x=0$ になってしまう(一方が 0 になる限界があることが，③と④を考えるヒントになる)。

③ [×] 右図より，x のとりうる範囲は $0<x<0.10$ である(0.10 以上になることはない)。

④ [○] 右図より，y のとりうる範囲は $0<y<0.20$ である。

また，②の計算過程より，y が 0.20 以上になると x が 0 以下になるため不適当，と考えることもできる。

正解 [④]

65 ＜酸化還元反応＞

問題は 95 ページ

Say! 酸化数　増えると酸化　減ると還元

反応前後で酸化数の増減があれば，酸化還元反応である。また，①と③は単体が反応に関わっているので，酸化還元反応であることが疑われる。反応前後で，各原子の酸化数は次のようになる。

① [○] $H_2\underset{-2}{\underline{S}}+H_2\underset{-1}{\underline{O_2}} \longrightarrow \underset{0}{\underline{S}}+2H_2\underset{-2}{\underline{O}}$

② [○] $2\underset{+2}{\underline{Fe}}SO_4+H_2\underset{-1}{\underline{O_2}}+H_2SO_4 \longrightarrow \underset{+3}{\underline{Fe_2}}(SO_4)_3+2H_2\underset{-2}{\underline{O}}$

③ [○] $2K\underset{-1}{\underline{I}}+\underset{0}{\underline{Cl_2}} \longrightarrow \underset{0}{\underline{I_2}}+2K\underset{-1}{\underline{Cl}}$

④ [○] $2K\underset{+7}{\underline{Mn}}O_4+5(\underset{+3}{\underline{C}}OOH)_2+3H_2SO_4$

$\longrightarrow 2\underset{+2}{\underline{Mn}}SO_4+10\underset{+4}{\underline{C}}O_2+K_2SO_4+8H_2O$

⑤ [×] $\underset{+6}{\underline{S}}O_3+H_2O \longrightarrow H_2\underset{+6}{\underline{S}}O_4$（水に溶けただけで，酸化数は変化していない）

正解 [⑤]

66 ＜酸化数＞

問題は 95 ページ

それぞれの金属原子の酸化数と，その変化量は次のようになる。

① Cu $(0 \rightarrow +2)$，2 増加

② Cu $(+1 \rightarrow 0)$，1 減少（酸素と反応して還元される !!）

③ Fe $(+3 \rightarrow +3)$，増減なし

④ Fe $(+2 \rightarrow +3)$，1 増加

よって，変化量が最も大きいのは①である。

正解 [①]

67 ＜酸化還元反応＞

問題は 95 ページ

Say! 単体は　酸化還元　ダウトフル

b・**d** は単体が反応に関わっているので，酸化還元反応であることが疑われる。一般に，陽イオンと陰イオンの組合せが変わるだけの変化は，酸化還元反応ではない。その代表例は，中和反応である。

a [×] 酸 ＋ 塩基性酸化物⟶塩 ＋ 水　の反応である。

$2H\underset{-1}{\underline{Cl}}+\underset{+2}{\underline{Ca}}O \longrightarrow \underset{+2}{\underline{Ca}}\ \underset{-1}{\underline{Cl_2}}+H_2O$

b [○] $\underset{+1}{\underline{H_2}}SO_4+\underset{0}{\underline{Fe}} \longrightarrow \underset{+2}{\underline{Fe}}SO_4+\underset{0}{\underline{H_2}}$

c [×] 弱酸の塩 ＋ 強酸⟶弱酸 ＋ 強酸の塩（弱酸遊離）の反応である。

$\underset{+2}{\underline{Ba}}CO_3+2H\underset{-1}{\underline{Cl}} \longrightarrow H_2O+CO_2+\underset{+2}{\underline{Ba}}\ \underset{-1}{\underline{Cl_2}}$

d [○] $\underset{0}{\underline{Cl_2}}+\underset{0}{\underline{H_2}} \longrightarrow 2\underset{+1}{\underline{H}}\ \underset{-1}{\underline{Cl}}$

正解 [⑤]

68 ＜酸化剤＞

問題は 99 ページ

酸化剤は相手を酸化し，自身は還元される。したがって，酸化剤には酸化数が減少する原子が含まれる。

① ［○］ $\underset{+2}{\underline{Cu}}O + C \longrightarrow \underset{0}{\underline{Cu}} + CO$

② ［×］ $\underset{0}{\underline{Zn}} + 2HCl \longrightarrow \underset{+2}{\underline{Zn}}Cl_2 + H_2$

③ ［×］ $3\underset{0}{\underline{Fe}} + 2O_2 \longrightarrow Fe_3O_4$ （酸化数 +2 と +3 の鉄が含まれる）

④ ［×］ $2H_2\underset{-2}{\underline{S}} + SO_2 \longrightarrow 3\underset{0}{\underline{S}} + 2H_2O$

⑤ ［×］ $\underset{+2}{\underline{Ca}}O + H_2O \longrightarrow \underset{+2}{\underline{Ca}}(OH)_2$

よって，①の CuO は自身が還元され，相手を酸化している。

正解 ［①］

69 ＜還元剤＞

問題は 99 ページ

Say! 還元剤　投げるボールは　e^-

還元剤は相手を還元し，自身は酸化されるので，e^- を放出して酸化数が増加する原子が含まれる。

① ［×］ $2\underset{+1}{\underline{H}}_2O + 2K \longrightarrow 2KOH + \underset{0}{\underline{H}}_2$ （減少）

② ［×］ $\underset{0}{\underline{Cl}}_2 + 2KBr \longrightarrow 2K\underset{-1}{\underline{Cl}} + Br_2$ （減少）

③ ［×］ $H_2\underset{-1}{\underline{O}}_2 + 2KI + H_2SO_4 \longrightarrow 2H_2\underset{-2}{\underline{O}} + I_2 + K_2SO_4$ （減少）

④ ［×］ $H_2\underset{-1}{\underline{O}}_2 + SO_2 \longrightarrow H_2S\underset{-2}{\underline{O}}_4$ （減少）

⑤ ［○］ $\underset{+4}{\underline{S}}O_2 + Br_2 + 2H_2O \longrightarrow H_2\underset{+6}{\underline{S}}O_4 + 2HBr$ （増加）

⑥ ［×］ $\underset{+4}{\underline{S}}O_2 + 2H_2S \longrightarrow 3\underset{0}{\underline{S}} + 2H_2O$ （減少）

よって，⑤の SO_2 は自身が酸化され，相手を還元している。

正解 ［⑤］

参考 反応する相手が酸化剤の場合は，自身は還元剤としてはたらくことが予想される。⑤の Br_2 （ハロゲン単体）は酸化剤である。

70 ＜酸化作用の強さ＞

問題は 99 ページ

Say! H_2O_2 と SO_2　あるときは　電子投げ出す　還元剤
あるときは　電子受け取る　酸化剤

酸化作用の強い物質が，相手を酸化し，自身は還元される。H_2O_2 と SO_2 は，相手の物質により，酸化剤にも還元剤にもなる。また，H_2S は代表的な還元剤であり，酸化剤になることはない。

a $H_2\underset{-1}{\underline{O}}_2 + \underset{+4}{\underline{S}}O_2 \longrightarrow H_2\underset{+6}{\underline{S}}\,\underset{-2}{\underline{O}}_4$ ……………… 酸化作用の強さは　$H_2O_2 > SO_2$

b $H_2\underset{-2}{\underline{S}} + H_2\underset{-1}{\underline{O}}_2 \longrightarrow \underset{0}{\underline{S}} + 2H_2\underset{-2}{\underline{O}}$ …………… 〃　$H_2O_2 > H_2S$

c $\underset{+4}{\underline{S}}O_2 + 2H_2\underset{-2}{\underline{S}} \longrightarrow 3\underset{0}{\underline{S}} + 2H_2O$ ………… 〃　$SO_2 > H_2S$

よって，$H_2O_2 > SO_2 > H_2S$ の順になる。なお，SO_2 は **a** では還元剤として，**c** では酸化剤としてはたらいている。

正解 [②]

71 ＜酸化還元反応の量的関係＞

問題は 103 ページ

Say! 過マンガンさん　色はムラサキ　名はシチブ

a　Mn の酸化数は，$K\underline{Mn}O_4$ では +7，$\underline{Mn}SO_4$ では +2 である。よって，酸化数は 5 減少する。半反応式の $+5e^-$ が対応している。

$$MnO_4^- + 8H^+ + 5e^- \longrightarrow Mn^{2+} + 4H_2O$$

b　発生した O_2 の物質量は

$$\frac{11.2\ \text{L}}{22.4\ \text{L/mol}} = 0.500\ \text{mol}$$

化学反応式の係数比より，$KMnO_4$ と O_2 の物質量比は 2：5 である。反応した $KMnO_4$ の物質量を x〔mol〕とすると

$$2 : 5 = x : 0.500\ \text{mol}$$

$$\therefore\quad x = 0.200\ \text{mol}$$

正解 **a** [④]，**b** [①]

72 ＜酸化還元滴定＞

問題は 103 ページ

Say! 酸化剤と還元剤　等しい(価数)×(モル)で　電子のやり取り

与えられた半反応式から

MnO_4^- は 5 価の酸化剤

Fe^{2+} は 1 価の還元剤

であることがわかる。$KMnO_4$ 水溶液の体積を v〔mL〕とすると

(酸化剤の価数)×(酸化剤の物質量)＝(還元剤の価数)×(還元剤の物質量)

より，次式が成立する。

$$5 \times \frac{0.020 \times v}{1000}\ \text{〔mol〕} = 1 \times \frac{0.050 \times 20}{1000}\ \text{mol}$$

$$\therefore\quad v = 10\ \text{mL}$$

正解 [③]

73 ＜イオン化傾向＞

問題は 107 ページ

Say! 王水は　金をも溶かす　酸化剤

① [○] Al は希硝酸に溶けて Al^{3+} となる。

② [○] Fe は希硝酸に溶けてイオン化する。しかし，濃硝酸に対しては表面

に酸化被膜をつくり，不動態となるため溶けない。

③［○］Cu は酸化作用のある希硝酸や濃硝酸に溶けて Cu^{2+} となり，それぞれ NO や NO_2 を発生する。

④［○］Zn は希硫酸や希塩酸に溶けて Zn^{2+} となり，H_2 を発生する。

⑤［○］Ag は酸化作用のある熱濃硫酸に溶けて Ag^{+} となり，SO_2 を発生する。

⑥［×］Au は希硝酸にも濃硝酸にも溶けない。王水に溶ける。

正解［⑥］

74 ＜イオン化傾向＞

問題は 107 ページ

Say! 理想の彼(Li，Na，K)は　水と反応

金属と水との反応性は，イオン化傾向の大きいものから順に

常温で水と反応 → 熱水と反応 → 高温水蒸気と反応 → 反応しない

と変化する。したがって，**ア**より，A＞C。**ア**と**イ**より，A＞B である。

また，**ウ**より B＞C である。よって，① A＞B＞C が該当する。

正解［①］

75 ＜イオン化傾向＞

問題は 107 ページ

Say! 有り体に(Al，Fe，Ni)言えば　濃硝酸で　不動態

①［×］鉄もアルミニウムも濃硝酸に対して不動態をつくるので，溶けない。

②［○］鉄を亜鉛めっきしたものをトタンという。イオン化傾向は Zn＞Fe であるが，傷ができたときに亜鉛の方が先に溶ける(酸化される)ので，内部の鉄は保護される。

③［×］鉄は重金属，アルミニウムは軽金属である。Al の方が密度が小さい。

④［○］Al は塩酸に溶け，水素を発生し Al^{3+} になる。

$$2Al+6HCl \longrightarrow 2AlCl_3+3H_2$$

⑤［○］アルミニウムは酸素との親和力が強く，細線や粉末を強熱すると光を放って激しく燃える。

$$4Al+3O_2 \longrightarrow 2Al_2O_3$$

⑥［○］Al_2O_3 は酸とも塩基(NaOH 水溶液のような強塩基)とも反応するので，両性酸化物に分類される。

正解［①，③］

76 ＜酸化還元反応＞

問題は 111 ページ

①［○］簡易カイロは，鉄が空気中で酸素によって徐々に酸化されるときに発生する熱を，触媒を用いて短時間に発生させるものである。

② [○] 燃焼は，光や熱をともなう激しい酸化還元反応である。

③ [○] 銅は酸素および二酸化炭素と反応して，緑青(ろくしょう)という緑色のさびを生じる。さびは，金属の酸化によって生じる。

④ [×] 蒸発により溶媒が減少すると，溶質の NaCl が析出する。NaCl は温度による溶解度の変化が小さいので，溶媒の減少が析出の原因と考えられる。

⑤ [○] コークス C によって，酸化鉄が鉄に還元される。コークスは，酸化されて一酸化炭素を経たのち，二酸化炭素になる。

⑥ [○] 水素－酸素型燃料電池では，水素が酸化されるときに放出されるエネルギーを電気エネルギーとして取り出している。

正解 [④]

77 <電池の原理>

問題は 111 ページ

Say! セイカン　プサン　(正極還元　負極酸化)

A　イオン化傾向が大きい金属は，e^- を放出しやすく，負極になる。逆に，イオン化傾向のより小さい金属は，e^- を受け取る正極になる。

B　負極では酸化反応，正極では還元反応が起こる。

C　水溶液中に H^+ があると，正極で H^+ が e^- を受け取り，H_2 が発生する。

$$2H^+ + 2e^- \longrightarrow H_2$$ (還元反応)

還元反応が起こるのは正極である。

正解 [①]

78 <酸化数>

問題は 112 ページ

Say! 酸化数　イオンは価数　単体ゼロ　プラスマイナス　忘れるな

$K_4[Fe(CN)_6]$は水溶液中で，次のように電離する。

$$K_4[Fe(CN)_6] \longrightarrow 4K^+ + [Fe(CN)_6]^{4-}$$

シアン化物イオン CN^- は 1 価の陰イオンであり，これが 6 個配位結合している。Fe の酸化数を x とすると

$$x + (-1) \times 6 = -4 \qquad \therefore \quad x = +2$$

Fe の酸化数は +2 であり，①～⑤の金属原子の酸化数は次のとおりである。

① $\underset{+2}{\underline{Cu}}O$　② $\underset{+3}{\underline{Fe_2}}O_3$　③ $K_2\underset{+6}{\underline{Cr}}O_4$　④ $K_2\underset{+6}{\underline{Cr_2}}O_7$　⑤ $\underset{+4}{\underline{Mn}}O_2$

よって，酸化数が +2 のものは①である。なお，$[Fe(CN)_6]^{4-}$ の名称(ヘキサシアニド鉄(Ⅱ)酸イオン)にある(Ⅱ)は，鉄の酸化数を表している。

正解 [①]

79 <酸化剤>

問題は112ページ

マーク形式のポイント⑧ <数字で答えさせる問題>

該当するものを，すべて数え上げなければならない。正誤をすべて判別させる形式の類例といえる。本問では，酸化数の増減を詳細にチェックする。$SnCl_2$ は還元剤であるとの思い込みは，ミスにつながる。

酸化剤は相手を酸化し，自身は還元される(酸化数が減少する)物質である。

ア［×］熱濃硫酸によって，イオン化傾向の小さい銅が溶ける。$\underset{0}{\underline{Cu}} \rightarrow \underset{+2}{\underline{Cu}}SO_4$

イ［○］Sn^{2+} が溶解した水溶液に単体の Zn を加えると，イオン化傾向が大きい Zn が溶け，Sn が析出する。通常は，$SnCl_2$ は還元剤としてはたらくが，ここでは酸化剤としてはたらく。$\underset{+2}{\underline{Sn}}Cl_2 \rightarrow \underset{0}{\underline{Sn}}$

ウ［○］ハロゲン単体の酸化力の強さは，$Cl_2 > Br_2 > I_2$ の順である。ここでは，Br_2 が I^- を酸化する。$\underset{0}{\underline{Br_2}} \rightarrow 2K\underset{-1}{\underline{Br}}$

エ［○］硫酸酸性の $KMnO_4$ は代表的な酸化剤である。$K\underset{+7}{\underline{Mn}}O_4 \rightarrow \underset{+2}{\underline{Mn}}SO_4$

酸化数が減少しているのは，$SnCl_2$，Br_2，$KMnO_4$ の三つである。

正解［③］

80 <酸化還元滴定と中和滴定>

問題は112ページ

マーク形式のポイント⑨ <異なる分野との融合問題>

本問では，酸化還元反応と酸・塩基反応の二つの分野の知識が問われている。両方の分野の内容を正確に理解していないと正解にたどり着けない。本問では化学反応式が与えられているので，各物質の物質量比を混同しないよう，整理して計算を進める。

酸化還元反応の係数比より，$(COOH)_2$ と $KMnO_4$ は 5：2 の物質量比で反応する。$(COOH)_2$ 水溶液の濃度を c〔mol/L〕とすると

$$(COOH)_2 : KMnO_4 = 5 : 2 = \frac{c}{1000} \times 25\ \text{〔mol〕} : \frac{0.050}{1000} \times 20\ \text{mol}$$

$$\therefore\quad c = 0.10\ \text{mol/L}$$

中和反応の係数比より，$(COOH)_2$ と NaOH は 1：2 の物質量比で反応する。求める NaOH 水溶液の体積を v〔mL〕とすると

$$(COOH)_2 : NaOH = 1 : 2 = \frac{0.10}{1000} \times 25\ \text{mol} : \frac{0.25}{1000} \times v\ \text{〔mol〕}$$

$$\therefore\quad v = 20\ \text{mL}$$

正解［④］

参考 酸化剤・還元剤の価数を利用して，次のようにシュウ酸水溶液の濃度を求めることもできる。

$KMnO_4$ は 5 価の酸化剤　　$MnO_4^- + 8H^+ + 5e^- \longrightarrow Mn^{2+} + 4H_2O$

$(COOH)_2$ は 2 価の還元剤　　$(COOH)_2 \longrightarrow 2CO_2 + 2H^+ + 2e^-$

(酸化剤の価数)×(酸化剤の物質量)＝(還元剤の価数)×(還元剤の物質量)より

$$5 \times \frac{0.050 \times 20}{1000}\ \text{mol} = 2 \times \frac{c \times 25}{1000}\ \text{〔mol〕} \qquad \therefore \quad c = 0.10\ \text{mol/L}$$

しかし，本問では問題文に化学反応式が与えられているので，これの係数比から求めるほうが楽だし確実である。このように，複数の解き方がある場合でも，最も適切な方法はそのうちの 1 通りだけである場合もある。このような場合に備え，複数の解き方を身につけておくことが大切である。

81 <酸化還元滴定>

問題は 113 ページ

マーク形式のポイント ⑥ <実験問題など>

濃度や体積の数値が多数出てくる。実験装置を簡単に図解して，化学式や濃度の数値などを記入することによって整理し，ケアレスミスを防ぐ。

Say! 酸化剤と還元剤　等しい(価数)×(モル)で　電子のやり取り

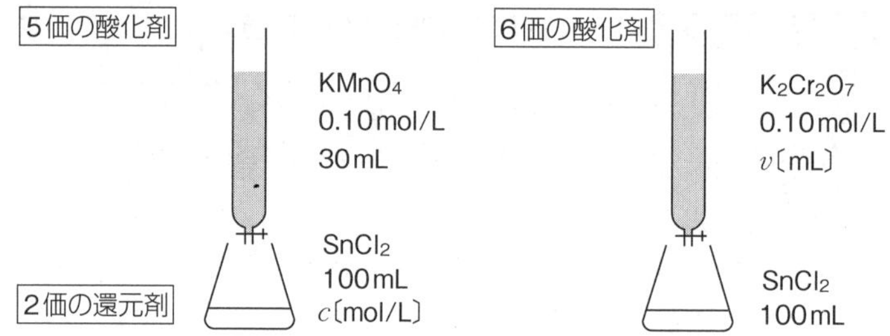

与えられた半反応式より，MnO_4^- は 5 価，$Cr_2O_7^{2-}$ は 6 価の酸化剤である。$SnCl_2$ は次のように還元剤としてはたらく。

$$Sn^{2+} \longrightarrow Sn^{4+} + 2e^-$$

$SnCl_2$ は，1 mol あたり 2 mol の e^- を放出する 2 価の還元剤である。

(1) $KMnO_4$ 水溶液との酸化還元反応

$SnCl_2$ 水溶液の濃度を c〔mol/L〕とすると

(酸化剤の価数)×(酸化剤の物質量)＝(還元剤の価数)×(還元剤の物質量)より，次式が成立する。

$$5 \times \frac{0.10 \times 30}{1000}\ \text{mol} = 2 \times \frac{c \times 100}{1000}\ (\text{mol}) \qquad \therefore\ c = 7.5 \times 10^{-2}\ \text{mol/L}$$

(2) $K_2Cr_2O_7$ 水溶液との酸化還元反応

求める $K_2Cr_2O_7$ 水溶液の体積を v〔mL〕とすると，価数を考慮して

$$6 \times \frac{0.10 \times v}{1000}\ (\text{mol}) = 2 \times \frac{7.5 \times 10^{-2} \times 100}{1000}\ \text{mol} \qquad \therefore\ v = 25\ \text{mL}$$

正解 [③]

82 <電池の起電力>

問題は 113 ページ

選択肢にある金属のイオン化傾向は次のようになる。

(大) Zn＞Pb＞Cu＞Ag (小)

イオン化傾向の差が大きい金属を組み合わせた電池の方が，起電力が大きい。よって，この 4 種の金属では，Zn と Ag を組み合せた電池が，起電力は最大になる。

(大)　Zn　Pb　Cu　Ag　(小)

①: Cu ←→ Ag
②, ⑤: Zn ←→ Ag
③: Pb ←→ Cu
④: Pb ←→ Ag

負極には e^- を放出しやすい金属，正極には e^- を受け取りやすい金属を用いる。すなわち，金属 **a** はイオン化傾向が大きい Zn，金属 **b** はイオン化傾向が小さい Ag である。

正解 [②]

83 <燃料電池>

問題は 113 ページ

Say セイカン　プサン　(正極還元　負極酸化)

電池の負極では，電子を放出する反応，すなわち酸化反応が起きている。全体では，次のように酸化数が変化し，水素が酸化され，酸素が還元されている。

$$2\underset{0}{H_2} + \underset{0}{O_2} \longrightarrow 2\underset{+1}{H_2}\underset{-2}{O}$$

負極で$_{ア}$水素の酸化反応が起き，正極で酸素の還元反応が起こる。負極での反応は，電解液が酸性の場合に

$$H_2 \longrightarrow 2H^+ + 2e^-$$

で表される。反応式の係数比(H_2：e^-＝1：2)より，2 mol の H_2 が反応すると，$_{イ}$4 mol の電子 e^- が負極から正極に向かって外部の回路を流れる。

正解 [③]

84 <身のまわりの化学>

問題は 119 ページ

① [○] アルカリ金属，Be と Mg 以外のアルカリ土類金属，および銅は，各元素に特有な炎色反応を示す。Na は黄色を示し，これは花火などに使用される。

② [○] ジュラルミンは軽いアルミニウムを主成分とし，銅などを加えて強度をもたせた合金である。

③ [○] ガラスはケイ砂(主成分 SiO_2)，炭酸ナトリウム Na_2CO_3，石灰石(主成分 $CaCO_3$)などから製造する。

④ [○] ヨウ素 I_2 は分子結晶で，分子どうしが弱い分子間力で結合しているため，加熱・冷却によって固体から気体へ，気体から固体へ変化する。

⑤ [×] 次亜塩素酸イオン ClO^- は酸化力があり，漂白作用や殺菌作用がある(「還元力」が誤り)。塩素水は次のように次亜塩素酸 HClO を生じる。

$$Cl_2 + H_2O \rightleftarrows HCl + HClO$$

次亜塩素酸イオン ClO^- は，次亜塩素酸ナトリウム NaClO，さらし粉 $CaCl(ClO) \cdot H_2O$ にも含まれる。

正解 [⑤]

85 <身のまわりの化学>

問題は 119 ページ

① [×] アスコルビン酸(ビタミン C)は酸化防止剤として用いられる。人工甘味料としてスクラロースなどがある。

② [○] 油脂を NaOH で分解する反応をけん化といい，セッケンとグリセリンが得られる。

③ [○] 炭酸は酢酸より弱い酸であり，食酢中の酢酸と反応して二酸化炭素を発生する(弱酸遊離)。

$$NaHCO_3 + CH_3COOH \longrightarrow CH_3COONa + H_2O + CO_2$$

④ [○] イオン結晶の NaCl は，固体では電気を通さないが，融解あるいは水溶液にすると，イオンが動けるようになるため，電気を通す。

⑤ [○] 安息香酸は，酢酸と同様に COOH をもつ弱酸である。

⑥ [○] でんぷんのらせん構造にヨウ素分子が入り，青紫色を呈する。この反応をヨウ素でんぷん反応という。

正解 [①]

86 <実験操作>

問題は 122 ページ

① [×] てんびんの皿に薬包紙を敷き，その上に薬品をのせる。

② [×] ビーカーの横から観察する。

③ [×] ガラス棒によってかくはんする。

④ [×] 火を近づけ，ガス調節リング(下)を開けて点火する。点火後にガス調節リングで炎の大きさを調節した後，空気調節リング(上)で炎を正常な青色にコントロールする。

⑤ [○] 成分がわからない液体の場合，誤って口の中に液体が入らないようにする。安全ピペッターをホールピペットに取りつけて用いる。

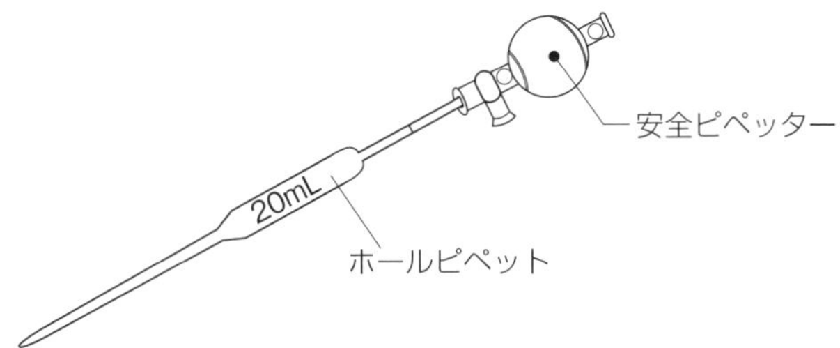

⑥ [×] 多量の水で十分に洗う。目に入った場合は，多量の水で十分に洗い，医師の手当てを受ける。

正解 [⑤]

87 <薬品の保存>

問題は 122 ページ

① [○] ナトリウムは常温で水と反応するので，石油中に保存する。

② [×] カルシウムは常温で水と反応するので，「水中に保存」は誤りである。

③ [○] ハロゲン化銀は感光性があり，光によって分解して銀を遊離するので，褐色試薬びんに保存する。

④ [○] フッ化水素酸が皮膚につかないように，ゴム手袋を着用する。

⑤ [○] 水酸化カリウムは，空気中の水などを吸収するので，手早く扱う。

⑥ [○] 硫化水素や塩素は有毒気体である。ドラフトの中で扱う。

正解 [②]

88 <リサイクル>

問題は 123 ページ

リサイクル回数を x 回とすると，鉄およびアルミニウム 1 kg を鉱石からつくり，リサイクルするのに必要な総エネルギーは

$$\text{Fe}\,;\,(\ 3+1\ \ \times x)\ \text{kWh}$$

$$\text{Al}\,;\,(20+0.6\times x)\ \text{kWh}$$

と表される。アルミニウムの鉱石からつくり出すのに必要な総エネルギーを，問題のグラフに書き加えると，次のようになる。

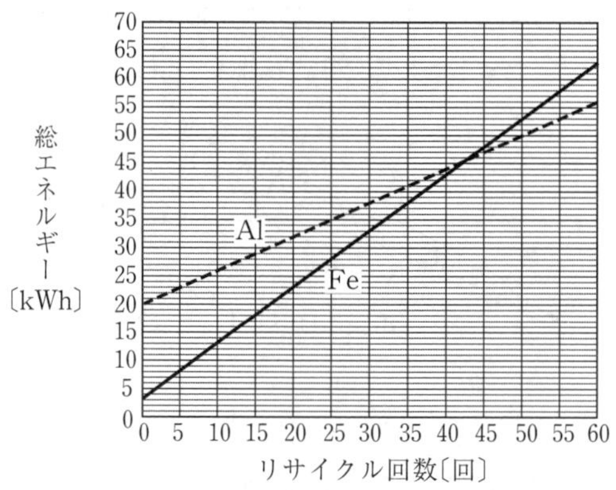

上の図の交点以降は，アルミニウムがエネルギーの面では有利になる。

両者の総エネルギーが等しいとき

$$3+1\times x=20+0.6\times x$$

$$\therefore\quad x=42.5$$

となるため，43 回リサイクルすると，鉄よりアルミニウムの方が，鉱石からつくり出すのに必要な総エネルギーが少なくなる。

正解〔③〕

89 <さまざまな溶液>

問題は 128 ページ

問 1

ア　溶液 100 g に含まれるカリウムイオンの質量を考える。

海水 100 g 中 ……………………………… $100\ \text{g}\times\dfrac{0.038}{100}=0.038\ \text{g}$

スポーツドリンク 100 g（＝100 mL）中 ……………… 6 mg＝0.006 g

したがって，海水のほうが濃度が高い。

イ　アと同様に，溶液 100 g に含まれるカルシウムイオンの質量を考える。

海水 100 g 中 ……………………………… $100\ \text{g}\times\dfrac{0.040}{100}=0.040\ \text{g}$

スポーツドリンク 100 g（＝100 mL）中 ……………… 8 mg＝0.008 g

したがって

$\dfrac{0.040}{0.008}=5$〔倍〕

ウ　ヒトは，食物中の炭水化物や脂質，タンパク質をエネルギー源として活動している。ナトリウムイオンはエネルギー源にならない。

問 2

① ［×］ 貴金属とは，金，銀，白金などのような，酸化されにくく，希少性のある金属のことである。

② ［○］ 2 族元素の価電子はすべて 2 個である。

③ ［×］ 空気中でマグネシウムに点火すると酸化マグネシウムに変化する。

④ ［×］ セッケンの主成分は脂肪酸ナトリウムである。

⑤ ［×］ セメントや医療用固定具の主成分は硫酸カルシウムである。

⑥ ［×］ ふくらし粉（ベーキングパウダー）の主成分は炭酸水素ナトリウムである。

問 3

エ　気体→液体の状態変化を，凝縮という。

オ　液体→固体の状態変化を，凝固という。

カ　固体→液体の状態変化を，融解という。溶解とは，溶質が溶媒中に分散する現象である。

正解 問 1［⑤］，問 2［②］，問 3［⑦］

90 <プラスチック片の識別>

問題は134ページ

操作aは密度，**操作b**は熱的性質，**操作c**は燃えやすさに着目した実験である。なお，熱可塑性とは，熱を加えるとやわらかくなり，冷やすと再びかたくなる性質である。一方，熱硬化性とは，熱を加えるとかたくなり，冷やしても元には戻らない性質を示す。

操作a　水の密度は1.0 g/cm^{3}であるから，これより密度の小さい物質は浮き，密度の大きい物質は沈む。したがって，水に浮いた**A**は，密度が1.0 g/cm^{3}未満のポリエチレンである。

操作b　加熱してやわらかくなった**C**，**D**は，熱可塑性をもつポリ塩化ビニルか，PETのうちのどちらかである。加熱してもやわらかくならない**B**は，熱硬化性をもつフェノール樹脂である。

操作c　炎から出すとすぐに燃えなくなる**C**がポリ塩化ビニルである。なお，PETはポリエチレンなどと比べると燃えにくいが，炎の中に入れるとすすを出して燃える。

正解［⑤］

91 <炭化水素に関する考察>

問題は136ページ

問1

1　O_2の係数をaとおいて，両辺の酸素の原子数に着目して等式を立てる。

$$CH_4 + aO_2 \longrightarrow CO_2 + 2H_2O$$

O原子について

$$2a = 2 + 2 \qquad \therefore \quad a = 2$$

2，**3**　原子数から考えて，炭化水素が燃焼するとき

C原子1個 ⟶ CO_2分子1個に変化。このとき，O_2が1個必要。

H原子2個 ⟶ H_2O分子1個に変化。このとき，O_2が$\frac{1}{2}$個必要。

という関係がある。炭化水素1分子に含まれるC原子がX個のとき，それに含まれるH原子は$2X+2$個なので，必要なO_2分子の数は

$$Y = X + \frac{2X+2}{2} \times \frac{1}{2} = \frac{3}{2}X + \frac{1}{2} \quad \cdots\cdots (1)$$

4　(1)式より，炭素数Xが大きいほど，燃焼に必要な酸素分子の数Yが大きいことがわかる。したがって，メタン(天然ガスの主成分，$X=1$)よりプロパン(石油ガスの主成分，$X=3$)のほうが，酸素の消費量が多いといえる。

問2

5, **6**　炭素数 X が1増加するにつれ，発熱量 H が30ずつ増加しているので，H は X の一次関数になっている。$X=1$ のとき，$H=40$ なので

$$H=30X+10 \quad \cdots\cdots\cdots\cdots\cdots\cdots\cdots (2)$$

となる。

分子式	X	H (kJ/L)
H_2	0	10
CH_4	1	40
C_2H_6	2	70
C_3H_8	3	100

7　問題文に従って，(2)式の両辺を nX で割り，二酸化炭素1分子あたりの発熱量を表す式に直す。

$$\frac{H}{nX}=\frac{30X+10}{nX}$$
$$=\frac{1}{n}\times\left(30+\frac{10}{X}\right)$$

n は気体の種類によらず一定である。これに対し，プロパン(石油ガスの主成分，$X=3$)は，メタン(天然ガスの主成分，$X=1$)より炭素数 X が大きいので，$\frac{10}{X}$ の値は小さくなる。よって，二酸化炭素1分子あたりの発熱量は小さくなる。

問3

① [○] プロパンやブタンは，ボンベに充填されて家庭用燃料に用いられている。

② [○] 気体1Lあたりの発熱量は，天然ガスより石油ガスのほうが大きい。このため，石油ガスを混合すると発熱量は大きくなる。

③ [○] 廃棄物から微生物を用いてメタンを発生させ，それを発電などの燃料としている。

④ [×] 気体1Lに含まれる分子の数は，気体の種類にかかわらず等しいため，1分子の質量が大きい気体のほうが密度は大きい。分子量が大きいものほど1分子の質量は大きいため，メタンよりプロパンのほうが1分子の質量が大きく，密度も大きい。

⑤ [○] 燃料用ガスの組成は水素，炭素であるので，燃焼しても金属の酸化物は生じない。

正解 問1　1 [④]，2 [③]，3 [①]，4 [⑧]
問2　5 [③]，6 [①]，7 [⑥]
問3 [④]

92 <水溶液の識別>

問題は 138 ページ

問 1 水溶液 D と水溶液 E は，**実験 1** と**実験 2** の結果が同じなので，識別できない。それ以外の水溶液において，**実験 1** と**実験 2** の結果が同じ組合せはないので，識別できる。それぞれの水溶液が何であるかについては，**問 3** の解説を参照。

問 2 (1) **実験 3** の水溶液 B と水溶液 D で，陽極付近の水溶液が黄緑色に変化したのは，塩化物イオン Cl^- が電子を奪われて Cl_2 に変化したからである(問題文中の「ある物質」は塩素 Cl_2 である)。塩化物イオンを含む水溶液であれば，同様の変化が観察される。

(2) 塩化物イオン Cl^- 2 個が電子を奪われて，塩素分子 Cl_2 に変化する。

問 3 **実験 1** ～ **3** では，それぞれ次の内容を調べている。

実験 1 …水溶液の液性

実験 2 …溶質の状態(溶けているものが固体，液体，気体のいずれか)。液体，気体が溶けているものは，蒸発後に何も残らない。固体が溶けているものは，蒸発後に固体が残る。砂糖は加熱により茶褐色の物質が残る。

実験 3 …電導性。電解質の水溶液には電導性がある。また，塩化物イオンを含む水溶液の場合，陽極から塩素が発生して，その付近の水溶液が黄緑色になる。

ここで用いている水溶液の性質をまとめると，次のようになる。

	アンモニア水	希塩酸	酢酸水溶液	砂糖水	塩化ナトリウム水溶液	水酸化カリウム水溶液
溶質	NH_3	HCl	CH_3COOH	$C_{12}H_{22}O_{11}$	NaCl	KOH
液性	塩基性	酸性	酸性	中性	中性	塩基性
溶質の状態	気体	気体	液体	固体 (加熱後茶褐色)	固体	固体
水溶液の電導性	あり	あり	あり	なし	あり	あり
Cl^-	なし	あり	なし	なし	あり	なし

これを元に，水溶液 A ～ F を同定していく。

水溶液 A…塩基性で固体が溶けている水溶液なので，水酸化カリウム水溶液。

水溶液 B…塩基性でなく，固体が溶けており，塩化物イオンが含まれるので，塩化ナトリウム水溶液。

水溶液 C…電導性のない水溶液なので，砂糖水。また，**実験 2** で茶褐色の物質が残ったことからも，砂糖水であることがわかる。

水溶液 D…塩基性でなく，液体または気体が溶けており，塩化物イオンが含まれるので，希塩酸。

水溶液 E…塩基性でなく，液体または気体が溶けており，塩化物イオンを含まず，電解質が溶けているので，酢酸水溶液。

水溶液 F…塩基性で，液体または気体が溶けているので，アンモニア水。

問 4

① [○] 塩化ナトリウム水溶液はナトリウムイオン Na^+ を含むので，黄色の炎色反応を示すが，希塩酸は炎色反応を示すイオンを含まない。

② [×] 塩化ナトリウム水溶液も希塩酸も塩化物イオンを含むので，硝酸銀水溶液を加えると白色沈殿を生じる。

③ [×] 塩化コバルト紙は，水を検出する際に用いる。塩化ナトリウム水溶液にも希塩酸にも，水は含まれている。

④ [×] 二酸化炭素を塩化ナトリウム水溶液や希塩酸に通じても，変化は起こらない。

正解 問 1 [⑤]
問 2 (1)[①]，(2)[④]
問 3 [③]
問 4 [①]

93 <陽イオン交換樹脂>

問題は 140 ページ

問 1

a 正塩とは酸と塩基が完全に中和してできた塩である。これに対し，2 価以上の酸が H^+ として電離しうる H を残した状態でできた塩を酸性塩という。

① [○] $CuSO_4$ に電離しうる H は残っていない。正塩。

② [○] Na_2SO_4 にも電離しうる H は残っていない。正塩。

③ [×] $NaHSO_4$ は，H^+ として電離しうる H をもっているので，酸性塩。

④ [○] NH_4Cl には H があるが，1 価の酸である HCl と 1 価の塩基である NH_3 が完全に中和してできる塩なので，正塩。

b (陽イオンの価数)×(陽イオンの物質量)＝(水素イオンの物質量)

から考える。同じモル濃度，同じ体積の水溶液なので，水溶液**ア**～**エ**に含まれる陽イオン K^+，Na^+，Mg^{2+}，Na^+ の物質量はそれぞれ等しい。よって，陽イオンの価数が大きいもの(Mg^{2+})ほど，得られる水溶液中の水素イオンの物質量も大きい。

問 2

a　$CaCl_2$ は強酸と強塩基からなる正塩なので，その水溶液は中性で pH は 7。

① ［×］ $H_2SO_4 + 2KOH \longrightarrow K_2SO_4 + 2H_2O$ のように反応する。H_2SO_4 は 2 価の酸，KOH は 1 価の塩基なので，同濃度の溶液を同体積ずつ混合すると H_2SO_4 が余る。このため水溶液は酸性となり，$pH < 7$ となる。

② ［○］ $HCl + KOH \longrightarrow KCl + H_2O$ のように反応するので，同濃度の溶液を同体積ずつ混合すると過不足なく中和する。また，副生する KCl は強酸と強塩基からなる正塩であるため，水溶液は中性となり，pH は 7 となる。

③ ［×］ $HCl + NH_3 \longrightarrow NH_4Cl$ のように反応するので，同濃度の溶液を同体積ずつ混合すると過不足なく中和する。また，副生する NH_4Cl は強酸と弱塩基からなる正塩であるため，水溶液は酸性となり，$pH < 7$ となる。

④ ［×］ $2HCl + Ba(OH)_2 \longrightarrow BaCl_2 + 2H_2O$ のように反応する。HCl は 1 価の酸，$Ba(OH)_2$ は 2 価の塩基なので，同濃度の溶液を同体積ずつ混合すると $Ba(OH)_2$ が余る。このため水溶液は塩基性となり，$pH > 7$ となる。

b ① ［×］ **実験 I** で得られた塩酸をすべて用いなければならない。また，ビーカーの目盛りは目安であり正確ではない。

② ［○］ 正確な体積の溶液を調製するためにはメスフラスコを用いる。

③ ［×］ **実験 I** で得られた塩酸をすべて用いなければならず，またメスシリンダーは正確な体積の溶液を調製するのには適さない。

④ ［×］ メスシリンダーの目盛りは正確ではないため，正確な体積の溶液の調製には適さない。

c　**実験 III** の中和滴定で起こる反応は

$$HCl + NaOH \longrightarrow NaCl + H_2O$$

であり，**実験 II** で得られた塩酸 500 mL に含まれる H^+ の物質量を x〔mol〕とすると，この塩酸 10.0 mL をとって滴定しているので，次の式が成り立つ。

$$x\,〔\mathrm{mol}〕\times \frac{10.0\ \mathrm{mL}}{500\ \mathrm{mL}} = 0.100\ \mathrm{mol/L} \times \frac{40.0}{1000}\ \mathrm{L}$$

$$\therefore\quad x = 0.200\ \mathrm{mol}$$

実験 I でイオン交換した Ca^{2+} の物質量を y〔mol〕とすると，Ca^{2+} は 2 価の陽イオンだから，次の式が成り立つ。

（陽イオンの価数）×（陽イオンの物質量）＝（水素イオンの物質量）

$$2 \quad \times \quad y\,〔\mathrm{mol}〕 \quad = \quad 0.200\ \mathrm{mol}$$

$$\therefore\quad y = 0.100\ \mathrm{mol}$$

したがって，試料 **A** 中の $CaCl_2$ の物質量も 0.100 mol なので，試料 **A** 中の

$CaCl_2$（式量 111）の質量は

$$111\ g/mol \times 0.100\ mol = 11.1\ g$$

よって，試料 **A** 11.5 g 中の H_2O の質量は

$$11.5\ g - 11.1\ g = 0.4\ g$$

正解 問1　a［③］，b［③］
問2　a［②］，b［②］，c［⓪］

94 ＜化学の基本法則＞

問題は 142 ページ

a　$SrCO_3 \longrightarrow SrO + CO_2$　(1)

ア　式(1)の反応において，質量保存の法則より

分解する $SrCO_3$ の質量＝生じる SrO と CO_2 の質量の和

したがって

分解する $SrCO_3$ の質量 − 生じる SrO の質量 ＝ 生じる CO_2 の質量

イ　定比例の法則より，化合物を構成する元素の質量の比は常に一定だから，式(1)の反応において，$SrCO_3$ が分解して生じる SrO と CO_2 の質量の比も，$SrCO_3$ の質量によらず一定である。

表1における，反応物・生成物の質量を整理すると次のようになる。

分解した $SrCO_3$ の質量〔g〕	0.570	1.140	1.710
生じた SrO の質量〔g〕	0.400	0.800	1.200
生じた CO_2 の質量〔g〕	0.170	0.340	0.510

よって

SrO の質量：CO_2 の質量

$= 0.400\ g : 0.170\ g = 0.800\ g : 0.340\ g = 1.200\ g : 0.510\ g$

となり，これらの質量の比が一定になることがわかる。

b　Sr の原子量を y とすると SrO の式量は $y+16$ であり，SrO と CO_2（分子量 44）の質量の比はこれらの式量・分子量の比に等しいから

SrO の質量：CO_2 の質量 $= 0.400\ g : 0.170\ g = (y+16) : 44$

$$\therefore\quad y = \frac{44 \times 0.400\ g}{0.170\ g} - 16 = 87.5$$

正解　a［⑥］，b［③］

95 ＜化学反応の量的関係＞

問題は 143 ページ

$MCO_3 \longrightarrow MO + CO_2$　(i)

（M；Mg または Ca）

試料 **A** 中の $MgCO_3$（式量 84），$CaCO_3$（式量 100）の物質量は，それぞれ Mg の物質量 n_{Mg}，Ca の物質量 n_{Ca} に等しいから，試料 **A** の質量について

$$84\ \text{g/mol} \times n_{Mg}\ [\text{mol}] + 100\ \text{g/mol} \times n_{Ca}\ [\text{mol}] = 14.2\ \text{g} \qquad \text{(ii)}$$

試料 **A** 14.2 g を強熱したときに発生した CO_2 の質量は

$$14.2\ \text{g} - 7.6\ \text{g} = 6.6\ \text{g}$$

反応式(i)より，$MgCO_3$，$CaCO_3$ から発生した CO_2 の物質量は，それぞれ n_{Mg} [mol]，n_{Ca} [mol] だから，発生した CO_2 の物質量について

$$n_{Mg} + n_{Ca} = \frac{6.6\ \text{g}}{44\ \text{g/mol}} = 0.15\ \text{mol} \qquad \text{(iii)}$$

(ii)，(iii)より

$$n_{Mg} = 0.050\ \text{mol},\ \ n_{Ca} = 0.10\ \text{mol}$$

したがって

$$n_{Mg} : n_{Ca} = 0.050\ \text{mol} : 0.10\ \text{mol} = 1 : 2$$

正解　[②]

Z-KAI